AF384386

LES ACTUALITÉS MÉDICALES

Le Sang

LES ACTUALITÉS MÉDICALES

Collection de volumes in-16, de 96 pages, cartonnés

Chaque volume : 1 fr. 50

Anatomie clinique des Centres nerveux, par le professeur GRASSET, *2ᵉ édition*.

Diagnostic des Maladies de la Moelle, *siège des lésions*, *2ᵉ édition*, par le professeur GRASSET.

Diagnostic des Maladies de l'Encéphale, *siège des lésions*, par le professeur GRASSET.

L'Appendicite, par le Dʳ Aug. BROCA, agrégé à la Faculté de Paris.

Les Rayons de Röntgen et le Diagnostic des Affections thoraciques non tuberculeuses, par le Dʳ A. BÉCLÈRE, médecin de l'hôpital Saint-Antoine.

Les Rayons de Röntgen et le Diagnostic de la Tuberculose, par le Dʳ A. BÉCLÈRE.

La Radiographie et la Radioscopie cliniques, par le Dʳ L.-R. REGNIER.

La Mécanothérapie, par le Dʳ L.-R. REGNIER.

Radiothérapie et Photothérapie, par le Dʳ REGNIER.

Cancer et Tuberculose, par le Dʳ CLAUDE, médecin des hôpitaux.

La Cryoscopie des Urines, par les Dʳˢ CLAUDE et BALTHAZARD.

La Diphtérie, par les Dʳˢ H. BARBIER, médecin des hôpitaux, et G. ULMANN.

La Grippe, par le Dʳ L. GALLIARD, médecin de l'hôpital Saint-Antoine.

Le Traitement de la Syphilis, par le Dʳ EMERY.

Chirurgie des Voies biliaires, par le Dʳ PAUCHET.

Le Traitement pratique de l'Epilepsie, par le Dʳ GILLES DE LA TOURETTE, agrégé à la Faculté de Paris, médecin de l'hôpital Saint-Antoine.

Formes et Traitement des Myélites syphilitiques, par le Dʳ GILLES DE LA TOURETTE.

Les États neurasthéniques, par le Dʳ GILLES DE LA TOURETTE, *2ᵉ édition*.

Psychologie de l'Instinct sexuel, par le Dʳ JOANNY ROUX, médecin des hôpitaux de Saint-Étienne.

La Psychologie du Rêve, par VASCHIDE et PIÉRON.

Les Glycosuries non diabétiques, par le Dʳ ROCQUE, professeur agrégé à la Faculté de Lyon, médecin des hôpitaux.

Les Régénérations d'organes, par le Dʳ P. CARNOT, docteur ès sciences.

Le Tétanos, par les Dʳˢ J. COURMONT et M. DOYON, professeur et professeur agrégé à la Faculté de Lyon.

La Gastrostomie, par le Dʳ BRAQUEHAYE, agrégé à la Faculté de Bordeaux.

Le Diabète, par le Dʳ R. LÉPINE, professeur à la Faculté de Lyon, médecin des hôpitaux.

Les Albuminuries curables, par le Dʳ J. TEISSIER, professeur à la Faculté de Lyon.

Thérapeutique oculaire, par le Dʳ F. TERRIEN, chef de clinique ophtalmologique à la Faculté de Paris.

La Fatigue oculaire, par le Dʳ DOR.

Les Auto-intoxications de la grossesse, par le Dʳ BOUFFE DE SAINT-BLAISE, accoucheur des hôpitaux de Paris.

Le Rhume des Foins, par le Dʳ GAREL, médecin des hôpitaux de Lyon.

Le Rhumatisme articulaire aigu en bactériologie, par les Dʳˢ TRIBOULET, médecin des hôpitaux, et COYON.

Le Pneumocoque, par LIPPMANN. Préface de M. DUFLOCQ.

Les Enfants retardataires, par le Dʳ APERT, chef de clinique médicale à la Faculté de Paris.

Les Oxydations de l'Organisme, par les Dʳˢ ENRIQUEZ et SICARD.

Les Maladies du Cuir chevelu, par le Dʳ GASTOU.

Les Dilatations de l'Estomac, par le Dʳ SOUPAULT.

CORBEIL — Imprimerie ÉD. CRÉTÉ.

Le Sang

(PHYSIOLOGIE GÉNÉRALE)

PAR

Marcel LABBÉ

Médecin des Hôpitaux de Paris
Chef de Laboratoire à la Faculté de médecine de Paris.

Avec Figures dans le texte

PARIS

LIBRAIRIE J.-B. BAILLIÈRE ET FILS

19, RUE HAUTEFEUILLE, 19

1902

Tous droits réservés.

LE SANG

INTRODUCTION

On ne s'attend pas sans doute à trouver ici tout ce qui peut être dit sur le sang : l'aspect seul et le peu d'étendue de ce volume montrent assez que je n'ai pas eu la prétention de faire un traité complet de l'anatomie et de la physiologie du sang.

Ce que j'essaie seulement d'indiquer avec toute la précision et la clarté possibles, c'est l'orientation nouvelle donnée aux recherches et aux études qui ont été faites, et avec tant de fruit, sur le sang, au cours de ces dernières années ; ce sont les principes de la technique qui a présidé à ces recherches ; enfin, et surtout, les résultats généraux obtenus, ce qu'on peut considérer comme les faits acquis, par l'emploi rigoureux des méthodes combinées de l'observation clinique et de l'expérimentation scientifique.

Ces pages contiennent moins une description du sang qu'une sorte d'introduction à l'étude de l'anatomie et de la physiologie du sang, introduction où je mets en relief tout l'intérêt que présente cette étude, tant au point de vue spéculatif de la Médecine générale, qu'au point de vue pratique du diagnostic et du pronostic des maladies.

C'était d'ailleurs le but que je devais me proposer dans les deux leçons-programme que j'ai professées à la clinique médicale de l'hôpital Laënnec, sous la direction du professeur Landouzy, au début d'un cours d'hématoscopie clinique.

Ce livre reproduisant, *mutatis mutandis*, les notions exposées dans ces leçons, il me semble que rien ne guidera mieux le lecteur que de lui en mettre d'abord sous les yeux l'argument :

1° Importance du rôle que joue dans l'organisme le sang, considéré comme intermédiaire des échanges vitaux et comme vecteur des éléments nutritifs.

2° Composition chimique et histologique du sang. Remarquable équilibre physiologique de cette composition. Modifications apportées à cet équilibre par les états pathologiques.

3° Processus qui président à la naissance et à la mort du sang ; activité considérable de ces processus.

I. — ROLE COMPLEXE DU SANG DANS L'ORGANISME

Après avoir été *organiciste* pendant la plus grande partie du xixᵉ siècle, la Médecine tend aujourd'hui à devenir de plus en plus *humoriste*. « Vous ne vous étonnerez point, disait le professeur Landouzy dans sa leçon d'ouverture du cours de clinique médicale à l'hôpital Laënnec, si les doctrines qui mèneront mon enseignement se réclament de l'humorisme et du vitalisme nouveaux. Mieux que tous les autres systèmes, l'humorisme et le vitalisme modernes ne fournissent-ils pas à la Clinique la révélation de quelques-uns des comment, de quelques-uns des mécanismes et des procédés instrumentaux mis au service de l'économie pour que celle-ci conquière la guérison, l'atténuation, comme l'immunité temporaire ou définitive des maladies ? »

Les doctrines modernes attribuent à l'état du milieu humoral (sang, lymphe, sérosités) une grande part dans le bon ou le mauvais fonctionnement des organes.

La vie cellulaire est en effet inconcevable sans celle du sang et des humeurs ; comme la vie de l'homme serait impossible sans l'atmosphère qui l'entoure et sans les éléments dont il tire les matériaux nécessaires à son entretien et à son développement.

Les éléments anatomiques sont plongés dans une sorte de « milieu intérieur » qui établit un lien naturel entre les divers organes et qui explique leur synergie, leur simultanéité de réaction et d'altération.

« C'est par les nerfs et par les vaisseaux, disait Bichat, que l'affection d'une partie se communique à une autre ; *c'est par eux que toutes les parties du corps sont solidaires en santé comme en maladie*, et c'est sur l'action des uns ou des autres que reposera toujours, en dernière analyse, tout système général de pathologie. »

Pour bien comprendre comment le sang établit un lien étroit entre les organes les plus éloignés et fait que la lésion d'une cellule retentit inévitablement sur les autres cellules du corps, il faut se représenter la rapidité de la circulation. En vingt-quatre secondes, un globule sanguin ou un corps étranger embolisé a parcouru la grande et la petite circulation ; il est revenu à son point de départ, ou bien il a pu se fixer en un point quelconque de l'économie, ou encore s'éliminer. En un espace de temps très court, un foyer microbien a pu disséminer ses microbes et ses toxines dans tout l'organisme, infecter et intoxiquer tous les tissus. La toxine produite dans un foyer morbide, en même temps qu'elle agit sur les cellules voisines de ce foyer, imprègne à distance, par l'intermédiaire de la circulation, les cellules des organes éloignés. Il ne faut que l'espace d'un instant pour produire une infection et une intoxication générales ; de sorte que le trouble local se fait en même temps ressentir en tous les points de l'organisme et que chaque cellule de l'économie est pour ainsi dire unie à la cellule du foyer originel par l'intermédiaire de la circulation sanguine, qui établit une sorte de contact à distance.

Grâce à la vitesse de la circulation, une quantité considérable de sang arrive à traverser les organes dans un court espace de temps. En vingt-quatre heures, 20 000 litres de sang traversent le poumon, 130 litres passent à travers les reins. Ainsi un nombre immense de molécules de sang, avec toutes les substances qu'elles véhiculent (aliments, toxines, microbes, etc.), sont offertes aux organes, qui y puisent, avec une sorte d'élection, ce dont ils ont besoin pour leur nutrition ou ce qu'ils sont chargés de détruire.

Bien que la quantité d'urée soit très peu différente dans la veine et dans l'artère rénale, le rein n'en élimine pas moins, chez un adulte, 35 grammes d'urée par jour ; c'est que ces 35 grammes sont pris aux 130 litres de sang qui ont traversé le rein durant ce temps. C'est ainsi qu'un léger excès de glycose dans le sang (3 p. 1 000 au lieu de la quantité normale 2 p. 1 000) va fournir aux reins l'occasion d'éliminer en un jour 130 grammes de sucre.

On comprend ainsi combien multipliée peut être l'action d'une petite dose de toxine élaborée incessamment par un foyer pathologique, et que, malgré les moyens de défense dont dispose l'organisme, les cellules puissent être, à cause de ce *circulus* continuel, plongées constamment dans un milieu nocif.

Dès qu'un organe est lésé, tous le sont, et fonctionnent anormalement parce que le malfonctionnement du premier retentit sur le milieu humoral, dont la viciation apporte aux autres organes des éléments nuisibles.

Ainsi il ne peut y avoir de réaction qui reste purement locale. Tout foyer morbide, en un point quelconque du corps, produit des modifications qui se répercutent dans l'économie entière par différents moyens : synergie fonctionnelle des organes, continuité des organes, connexions nerveuses, et surtout connexions vasculaires qui permettent aux microbes et aux toxines d'être transportées à travers toute l'économie et de se localiser à distance.

Les tissus mêmes qui, comme le cartilage, les

productions épidermiques, la cornée, etc., sont normalement dépourvus de vaisseaux sanguins, n'en sont pas moins sous la dépendance indirecte du sang par l'intermédiaire du plasma interstitiel, qui arrive par imbibition jusqu'à eux et leur apporte la vie avec les matériaux nutritifs émanés du sang.

D'ailleurs, la privation de vaisseaux rend inférieure la vitalité de ces tissus; leur nutrition est ralentie, ils se défendent mal contre les infections et se réparent difficilement. Suffisante pourtant à l'état physiologique, leur nutrition devient insuffisante quand ils sont le siège d'un processus morbide, et l'on y voit alors apparaître des vaisseaux qui apportent avec le sang des renforts énergiques pour la défense contre l'infection.

Aucune cellule ne peut fonctionner sans les matériaux nourrissants et excitants à la fois que lui apporte le sang. Empêcher l'arrivée du sang dans un organe, c'est abolir sa fonction. Ainsi on paralyse un membre en liant son artère principale; Brown-Séquard, en liant les artères qui se rendent à la tête d'un chien, a montré le spectacle curieux d'une tête morte sur un corps plein de vie; puis, en permettant de nouveau le cours du sang dans les artères, il a rendu peu à peu la vie à cette tête inanimée.

Ces faits prouvent surabondamment que la vitalité d'un tissu et l'activité d'un organe sont en
rapport avec la vascularisation.

Grâce à la généralité des phénomènes d'osmose, les éléments anatomiques sont en rapport
intime avec le sang ou avec les humeurs qui en
dérivent. Cette variété de lymphe encore impar-
faite qui constitue le plasma intercellulaire et qui
sert d'intermédiaire aux échanges osmotiques qui
se font continuellement entre le plasma sanguin
et les protoplasmas cellulaires, à travers les membranes semi-perméables que représentent les parois des vaisseaux et les enveloppes des cellules,
établit un véritable contact entre le sang et les
cellules.

C'est par cette voie que se font les échanges
cellulaires, que se produisent les phénomènes
d'assimilation et de désassimilation dont l'ensemble représente la fonction de nutrition.
« Toutes les fonctions de l'économie animale,
avait dit Cuvier, paraissent se réduire à des transformations de fluides, et c'est dans la manière
dont ces transformations s'opèrent que gît le véritable secret de cette admirable économie. »

L'importance primordiale du rôle joué par
le sang et les humeurs dans l'organisme n'avait
pas échappé aux anciens anatomistes. Ils avaient
prévu, deviné pour ainsi dire, les fonctions du

sang, transportant la vie à travers l'économie, distribuant l'énergie, fournissant les aliments aux tissus, formant, suivant le mot de Bordeu, comme une sorte de « chair coulante ».

Mais l'insuffisance des notions chimiques et biologiques ne permettait encore que de soupçonner la généralité des fonctions du sang. Aujourd'hui, bien que beaucoup de points soient encore obscurs, on a cependant, grâce au perfectionnement des techniques et au développement des sciences biologiques, pu préciser un certain nombre de notions sur la nature des fonctions sanguines.

Par sa circulation continuelle, le sang établit un rapport, un contact entre les organes les plus éloignés, il apporte à chacun ce qui lui est nécessaire et remporte les matériaux devenus inutiles ou nuisibles. Il est la voie de transport des substances nutritives, des ferments, des déchets, des toxiques, des microbes, etc. Il est l'intermédiaire obligé des échanges qui se font entre les tissus, ou entre les tissus et le monde extérieur.

Tout ce qui est introduit par une voie quelconque dans l'économie doit toujours traverser la circulation sanguine, avant de se fixer sur un tissu, et l'on peut dire qu'il n'y a pas un élément constituant de nos organes qui n'ait auparavant passé par le sang.

Considérons, en effet, la nutrition élémentaire d'une cellule : elle a besoin pour vivre d'oxygène, de matières azotées et hydrocarbonées, et souvent de produits plus complexes, phosphorés, iodés, arséniés, ferrugineux, etc., qu'elle digère et transforme de façon à renouveler son protoplasma. Les matériaux de cette digestion cellulaire sont empruntés au sang; les produits de déchet qui en résultent repassent ensuite dans le sang pour être éliminés par les émonctoires.

Mais une cellule animale ne se contente pas de puiser dans le plasma les matières nécessaires à son existence, ce serait vivre en parasite; dans une société cellulaire bien administrée, comme celle que représente l'organisme normal, toute cellule est spécialisée et remplit une fonction de sécrétion interne ou externe qui a son utilité dans l'économie. Tels sont les ferments produits par les glandes digestives et les sécrétions des glandes vasculaires sanguines comme le corps thyroïde, le thymus, la capsule surrénale, le pancréas, etc.

Si nous ajoutons à ces produits de la vie cellulaire les nombreuses substances utiles ou nuisibles, comme les minéraux, les sels, les matières organiques, qui sont absorbées à chaque instant, consciemment ou non, par les voies digestives, par les voies respiratoires, par la peau, par le tissu conjonctif sous-cutané: si nous y ajoutons

encore les microbes qui, de la surface de la peau
et des muqueuses, ont pénétré dans l'organisme,
les toxines qu'ils y ont sécrétées, les produits de
réaction ou de destruction cellulaire élaborés à
leur contact, nous arrivons à concevoir la multitude des substances qui passent dans la circulation sanguine, l'infinie complexité de la composition du sang et l'intérêt qu'offrent les actes
élémentaires de la nutrition envisagés dans le
plasma, parce que là se trouve en quelque sorte le
résumé de tous les autres actes de ce genre se
passant dans les diverses parties du corps (Robin).

Dans le sang s'accumulent toutes les énergies
nécessaires à la vie, énergies venant du dehors,
énergies nées des combinaisons intra-organiques;
c'est lui qui, par son cours incessant, que règle le
système nerveux, répartit ces forces dans l'économie, au prorata des besoins de chaque portion
de l'organisme.

Ce rapide aperçu des fonctions du sang suffit à
montrer l'intérêt que présente son étude. En passant en revue les fonctions des divers éléments
qui le constituent, nous pénétrerons plus avant
dans le détail des actes vitaux.

II. — COMPOSITION DU SANG

1. — REMARQUES PRÉLIMINAIRES SUR LES PROCÉDÉS D'EXAMEN DU SANG.

Le sang est un liquide rouge vif, d'apparence homogène, qui est en réalité composé d'éléments cellulaires, les globules rouges et les globules blancs, en suspension dans un liquide, le plasma.

La séparation des globules et du plasma peut être réalisée, quand on laisse reposer du sang recueilli dans certaines conditions qui retardent sa coagulation [sang de cheval reçu dans un récipient dont les parois ont été recouvertes de vaseline (Freund) (1); sang de chien rendu incoagulable par injection intravasculaire de peptones]: les globules se déposent au fond du vase sous l'influence de la pesanteur et sont surmontés d'un liquide légèrement citrin, le plasma.

Si au contraire on recueille le sang, dans des conditions ordinaires, dans un vase de verre propre, on le voit en quelques minutes se prendre en une masse gélatineuse ; il se coagule ; le caillot se rétracte dans la suite et laisse transsuder un liquide citrin, le sérum.

(1) FREUND. — *Wien. med. Jahrbuch*, 1886, p. 46.

Plasma et sérum ne diffèrent que par un seul point ; le sérum ne contient pas de fibrine ; le plasma contient de la fibrine, ou plutôt les éléments producteurs de la fibrine : la matière fibrinogène et la plasmase ou ferment coagulant.

Ces deux substances existent dans le sang normal : la matière fibrinogène est en dissolution dans le plasma ; la plasmase est contenue dans le corps des leucocytes.

Lorsque le sang est extrait des vaisseaux et reçu dans un vase ordinaire, les globules blancs s'accolent aux parois du vase et subissent des altérations dont le résultat est de mettre en liberté la plasmase. Celle-ci, rencontrant la matière fibrinogène, se combine à elle : il en résulte la production de fibrine et de sérum.

Ainsi la fibrine n'existe pas préformée dans le sang ; c'est un produit artificiel ou pathologique, un produit de la mort ou de la maladie du sang (Hayem).

Il en est de même pour le sérum qui n'existe pas non plus dans le sang vivant, avec les propriétés qu'on lui reconnaît *in vitro*. Ses propriétés lui viennent de la destruction des globules blancs, qui laissent transsuder tous les ferments contenus dans leur protoplasma. C'est ainsi qu'outre le pouvoir coagulant, le sérum manifeste des pouvoirs agglutinants, oxydants, bactériolytiques, cytolytiques, etc.

Le sérum peut donc être considéré comme un véritable soluté de leucocytes, puisqu'il a hérité des puissances, des énergies accumulées dans ces cellules.

En résumé, le sérum est un produit artificiel, n'existant que *in vitro*, et possédant toutes les propriétés qui appartiennent, *in vivo*, aux leucocytes. Dans l'organisme, ce sont les leucocytes qui ont des propriétés coagulantes, agglutinantes, bactériolytiques, etc. ; les humeurs ne manifestent ces propriétés qu'autant que les leucocytes, par leur destruction partielle, leur en ont conféré une partie : considération importante au point de vue doctrinal, puisqu'elle fait ressortir le rôle primaire des leucocytes, et secondaire des humeurs, dans la production de l'immunité ; elle met d'accord les partisans de la théorie humorale, qui attribuent l'immunité à l'action bactéricide et antitoxique du sérum et des sérosités, avec les partisans de la théorie cellulaire, qui attribuent l'immunité aux fonctions phagocytaires, bactéricides et antitoxiques des leucocytes.

Une remarque analogue à celle que je viens d'émettre sur le sérum doit être faite au sujet des éléments cellulaires du sang.

La description qu'on donne des globules rouges

et surtout des globules blancs est faussée par les
conditions dans lesquelles on observe ordinaire-
ment. Les préparations de sang desséché qui
servent à l'étude de ces éléments nous montrent,
en général, les globules arrondis et réguliers,
forme qu'ils ne prennent qu'au moment de leur
mort; tandis que dans le sang circulant, observé
au microscope dans le mésentère d'une grenouille,
l'aspect est tout différent : les globules rouges
sont allongés dans le sens du courant; les globules blancs sont irréguliers, munis de prolongements et sans cesse déformés par leurs mouvements amiboïdes (fig. 1 et 2).

Les globules rouges sont doués d'une grande
élasticité ; lorsqu'ils doivent traverser des orifices
très étroits, on les voit s'étirer en fuseaux très

Fig. 1. — Forme des globules rouges.
a, Dans une préparation de sang sec ; *b*, dans le sang circulant.

allongés ; ils reviennent ensuite à leur forme pri-
mitive. Si on recueille du sang, comme l'a fait
Rollet, dans une solution fluide de gélatine à 35°,
et qu'après refroidissement on écrase de petits

fragments de la gelée sur la lamelle porte-objet du microscope, on voit les globules s'échapper par les fissures de la masse en affectant les formes les plus variables, pour redevenir arrondis lorsqu'ils sont libérés.

Les leucocytes du sang ou de la lymphe, examinés au microscope dans des conditions qui se

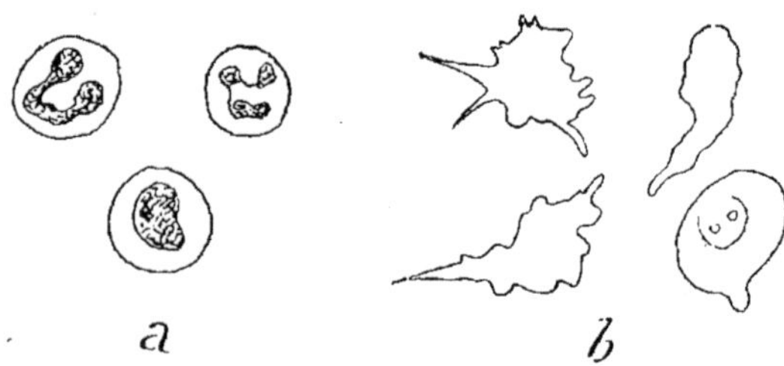

Fig. 2. — Forme des globules blancs.

a, Dans une préparation de sang sec; *b*, dans une préparation de sang humide sur la platine chauffante.

rapprochent des conditions organiques, sur la platine chauffante, dans une chambre humide, suivant la technique de Ranvier, présentent des mouvements incessants qui aboutissent à la formation de prolongements ou pseudopodes, courts et arrondis, ou au contraire minces, effilés et d'une longueur quelquefois extraordinaire (fig. 3) (Jolly) (1). Ces mouvements sont sans doute nécessaires au déplacement de la cellule, à sa

(1) J. JOLLY. — Recherches sur la valeur morphologique et la signification des différents types de globules blancs (Thèse de Paris, 1898).

nutrition et à l'englobement de corps étrangers
par le protoplasma.

Pour le sang, comme pour les autres tissus d'ailleurs, il ne faut donc pas prendre à la lettre ce

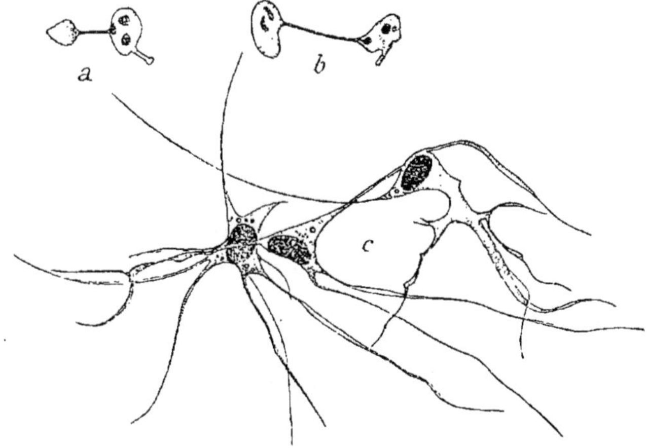

Fig. 3. — Globules blancs examinés *in vitro* sur la platine
chauffante, fixés *in situ* par l'acide osmique à 1 p. 100 et colo-
rés par l'hématoxyline (d'après J. Jolly).

a, *b*, Leucocytes de l'humeur aqueuse de la grenouille poussant des pseudopodes ; *c*, leucocytes de la lymphe péritonéale de la grenouille qui ont poussé
des prolongements considérables et se sont immobilisés (clasmatocytes *in vitro*
de Ranvier).

que dit l'histologie de la forme des cellules : ses
enseignements ne s'appliquent qu'à des cadavres
de cellules et non à des éléments vivants.

Ces remarques faites, j'accepterai cependant,
pour la commodité de l'étude, la division du sang
en globules rouges, globules blancs, fibrine et
sérum. Je me contenterai d'énumérer les éléments

cellulaires que le sang renferme sans en faire une
description minutieuse.

2. — GLOBULES ROUGES ET HÉMOGLOBINE.

Les *globules rouges* sont des disques bicon-
caves, ayant un diamètre de 6 à 9 µ. Arrondis au
repos, visqueux et tendant à se réunir en piles,
ils se montrent essentiellement plastiques et
s'allongent, s'étirent, dans le sang en circulation (fig. 1 et 4, *a*); ils ne sont pas doués de mouvements propres. Leur stroma est formé d'une matière albuminoïde, sorte de nucléine, qui renferme
une autre albuminoïde colorante, l'hémoglobine.

L'*hémoglobine* a pour propriété de se combiner
avec l'oxygène en formant de l'oxyhémoglobine,
combinaison instable qui cède très facilement son
oxygène. Au niveau du poumon, l'hémoglobine
puise l'oxygène dans l'air ; au niveau des tissus,
l'hémoglobine abandonne l'oxygène qui sert aux
oxydations. Le globule rouge est donc le véhicule
de l'oxygène dans l'économie.

Mais il ne se borne pas à puiser l'oxygène au
dehors et à le distribuer dans l'organisme. Son
rôle est plus important : l'oxygène qu'il met en
liberté est par son activité semblable à l'oxygène
naissant; il se fixe fortement sur les tissus et
réalise, à la température du corps, des oxydations
qui ne pourraient se produire, en dehors de

l'économie, qu'à des températures beaucoup plus élevées.

Le globule rouge avec son hémoglobine peut donc être regardé comme une sorte de ferment oxydant. Il est l'intermédiaire principal des oxydations qui se passent dans l'organisme, au sein des tissus, et a, par suite, une part très importante dans la production de la chaleur animale qui relève surtout des oxydations. Il est donc une des principales sources de l'énergie dans l'organisme.

On conçoit, d'après cela, l'intérêt de l'étude du globule rouge, de sa teneur en hémoglobine, et surtout en oxyhémoglobine. Car, ce qu'il importe de connaître, ce n'est pas l'hémoglobine en elle-même, mais l'énergie que celle-ci est capable d'apporter aux tissus, sous la forme d'oxygène naissant.

L'hémoglobine réduite n'apporte rien aux tissus ; c'est une substance inactive ; l'hémoglobine oxygénée est seule capable d'entretenir la vie en fournissant aux cellules de quoi faire des oxydations et peut-être aussi en excitant directement le fonctionnement cellulaire.

L'expérience montre en effet que les circulations artificielles, dans un membre amputé ou dans une tête séparée du tronc, ne produisent aucun effet, si elles sont faites avec du sang veineux, tandis qu'elles font reparaître l'irritabilité si elles sont faites avec du sang oxygéné. On sait de même que l'asphyxie locale ou générale est un puissant anesthésique.

Que conclure de ces observations, sinon que, au point de vue pratique, les méthodes d'analyse de l'hémoglobine qui donnent la quantité d'hémoglobine totale n'ont pas le même intérêt que les méthodes qui indiquent la proportion d'oxyhémoglobine ; la méthode de notre maître, M. Hénocque (1), qui permet de mesurer exactement la quantité de l'oxyhémoglobine et même d'apprécier la quantité d'hémoglobine réduite, a donc une haute valeur physiologique qui doit, pour les besoins de la clinique, la faire préférer à toutes les autres.

Le nombre des globules rouges est, à l'état normal, de 4 500 000 à 5 000 000 par millimètre cube de sang ; la proportion de l'hémoglobine dans le sang est de 13 à 14 p. 100.

Ces proportions sont, chez les adultes, remarquablement fixes et très peu influencées par les diverses conditions physiologiques. Quelle que soit l'heure, quel que soit le moment (avant ou après un repas) où l'on examine le sang, on y trouve toujours la même quantité de globules rouges et d'hémoglobine. La menstruation n'y

(1) A. Hénocque. — Spectroscopie biologique (*Encyclopédie scientifique des aide-mémoire de Léauté*, 3 vol.).

apporte que de légères modifications, bientôt disparues.

Certains médicaments qui, comme l'antipyrine et la quinine, altèrent les globules ; les purgatifs qui déterminent une abondante élimination de liquide et une diminution du plasma sanguin ; les saignées ou les hémorragies accidentelles légères, etc., ne produisent qu'un changement léger dans la teneur du sang en globules rouges et en hémoglobine : la réparation et le retour à l'équilibre normal se fait très rapidement.

Des changements appréciables et persistants indiquent toujours un état pathologique persistant.

3. — GLOBULES BLANCS.

Les *globules blancs* sont des corps sphériques au repos, d'un diamètre de 8 à 20 μ. et plus. Ils sont contractiles et doués de mouvements amiboïdes.

Les leucocytes sont formés d'un protoplasma renfermant un noyau.

D'après l'aspect et les réactions colorantes du noyau et du protoplasma, on en distingue dans le sang normal plusieurs espèces :

1° **Leucocytes mononucléaires.** — Les leucocytes mononucléaires ont un protoplasma toujours dépourvu de granulations.

Parmi eux, on compte :

1° Les *petits lymphocytes* (fig. 4, *b*, *c*), dont le diamètre est à peu près égal à celui d'un globule rouge, dont le noyau est arrondi, ovalaire, ou muni d'une légère échancrure, toujours fortement coloré par les réactifs basiques; dont le protoplasma forme une très mince couche autour du

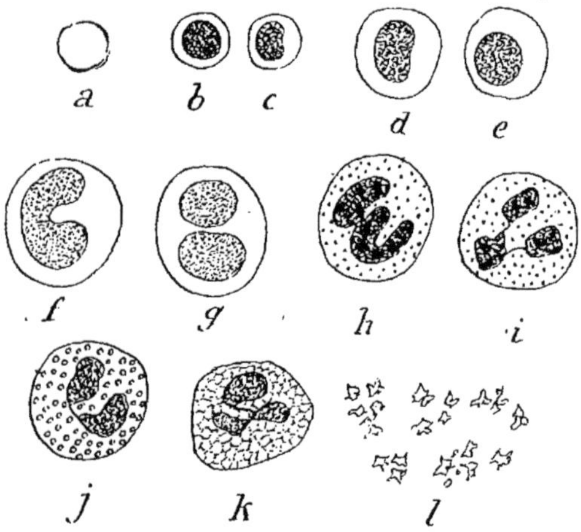

Fig. 4. — Éléments cellulaires du sang.

a, Globule rouge ; *b*, *c*, lymphocytes ; *d*, *e*, petits leucocytes mononucléaires ; *f*, *g*, gros leucocytes mononucléaires ; *h*, *i*, leucocytes polynucléaires à granulations neutrophiles ; *j*, leucocyte polynucléaire à granulations éosinophiles ; *k*, mastzelle ; *l*, plaquettes sanguines.

noyau et se teinte assez fortement par un mélange de colorants acides et basiques.

2° Les *gros leucocytes mononucléaires* (fig. 4, *f*, *g*), dont le diamètre est toujours assez considérable et peut atteindre 20 μ; leur noyau arrondi, ovale, réniforme, en bissac ou en fer à cheval, est volumineux et se colore faiblement ; leur protoplasma est abondant et se teinte à peine par un mélange de couleurs acides et basiques.

Entre ces deux variétés on observe tous les termes de passage (fig. 4, *d*, *e*).

2° Leucocytes polynucléaires. — Les leucocytes polynucléaires, ont un protoplasma toujours chargé de granulations.

On compte parmi eux :

1° Des *leucocytes polynucléaires à granulations neutrophiles* (fig. 4, *h*, *i*), qui sont en majorité et représentent le véritable leucocyte du sang. Leurs dimensions sont un peu inférieures à celles des gros leucocytes mononucléaires. Leur noyau est, ainsi que l'a montré Ranvier, formé de plusieurs lobes réunis par des filaments chromatiques ; il est fortement coloré, très irrégulier, et représente un V, un U, un Z, un Σ, un O, ou un ensemble de trois ou quatre lobes ovoïdes ; leur protoplasma est parsemé de granulations fines, serrées, qui se teintent en violet rouge par le triacide d'Ehrlich.

2° Des *leucocytes polynucléaires à granulations acidophiles ou éosinophiles* (fig. 4, *j*), de même dimension que les précédents. Leur noyau est moins divisé, moins contracté, moins foncé que celui des polynucléaires ordinaires ; leur protoplasma est semé de granulations grosses, rondes, à double contour, qui prennent les couleurs acides.

3° Des *leucocytes polynucléaires à granulations basophiles* ou *Mastzellen* d'Ehrlich (fig. 4, *k*), de même dimension; leur noyau est formé de plusieurs lobes assez gros, leur protoplasma est bourré de grosses granulations qui restent incolores sous l'influence du triacide d'Ehrlich ou de l'hématéine-éosine, et qui prennent une teinte métachromatique (violet rouge) avec la thionine ou le bleu polychrome de Unna.

Il y aurait en outre, suivant Ehrlich, quelques formes de transition entre le leucocyte mononucléaire et le polynucléaire.

Le nombre des leucocytes et la proportion de leurs diverses espèces sont assez constants. Il y a chez l'adulte 6 000 à 8 000 leucocytes par millimètre cube de sang. Sur 100 leucocytes, il y a, d'après Leredde et Bezançon (1), 32 à 33 mononucléaires, 64 à 65 polynucléaires neutrophiles, 1 à 2 polynucléaires éosinophiles, 0,25 à 0,5 *Mastzelle*.

A l'état normal, chez l'adulte, les proportions restent presque constamment les mêmes. Chez un même individu, les numérations, faites plusieurs jours de suite à la même heure, ont donné à Leredde et Lœper des chiffres à peu près identiques; le nombre des polynucléaires n'a varié que dans la limite de 3,8 p. 100. Les conditions

(1) LEREDDE et BEZANÇON. — Principales formes cellulaires du tissu conjonctif et du sang (*Presse médicale*, 23 novembre 1898).

physiologiques (alimentation, menstruation chez la femme) modifient très peu et très passagèrement la quantité des leucocytes et la proportion relative des diverses espèces; l'alimentation détermine seulement une légère leucocytose avec polynucléose, dont il y a lieu de tenir compte dans les numérations.

Les proportions sont aussi les mêmes dans le sang des gros vaisseaux et des vaisseaux périphériques, ainsi que l'ont établi les recherches de Zuntz.

La fixité de ces chiffres constitue, suivant l'expression très juste de Leredde et Lœper, un « équilibre leucocytaire (1) ».

Cette constance est vraiment très remarquable, si l'on songe à la multitude des causes qui pourraient à chaque instant troubler l'équilibre leucocytaire. Il faut admettre, pour l'expliquer, une sensibilité exquise des organes hématopoïétiques et une relation intime entre ces divers organes, dans lesquels la production cellulaire est réglée de façon à mettre en liberté à chaque instant exactement le nombre de cellules nécessaires pour remplacer celles qui se détruisent, afin que la proportion relative reste la même.

Les fonctions des globules blancs sont mul-

(1) Leredde et Lœper. — L'équilibre leucocytaire (*Presse médicale*, 25 mars 1899).

tiples (1). Ils absorbent, digèrent, sécrètent, se déplacent ou se fixent au contraire dans un tissu.

Leur rôle dans l'absorption des corps étrangers était connu depuis longtemps déjà ; Haeckel, V. Recklinghausen l'avaient dénoncé ; on savait, depuis les expériences de Ranvier, que les grains de cinabre ou de vermillon introduits sous la peau sont englobés par les leucocytes ; mais c'est à Metchnikoff que revient l'honneur d'avoir exposé dans son ensemble la théorie de la phagocytose et montré l'importance du phénomène dans les actes de la vie organique.

Les leucocytes n'englobent pas seulement les corps étrangers inertes, les poussières végétales ou minérales, les pigments (pigment ocre, pigment mélanique chez les paludéens) ; ils absorbent aussi les cellules de l'organisme arrivées à la limite d'âge et destinées à être détruites : ils se chargent d'achever cette destruction et débarrassent l'économie des éléments usés. C'est ainsi que disparaissent les cellules des parenchymes, des muscles, du tissu conjonctif, du sang lui-même.

Autour des grosses cellules du système nerveux, surtout dans les processus inflammatoires ou nécrobiotiques, on voit souvent une couronne de leucocytes qui s'apprêtent à détruire la cellule

(1) A. CHANTEMESSE. — Le globule blanc (*Presse médicale*, 7 décembre 1898).

nerveuse lorsqu'elle sera devenue inapte à fonctionner ; ce sont ces leucocytes chargés des débris
cellulaires et des granulations graisseuses résul-
tant de la dégénérescence de l'élément noble, qui
constituent les corpuscules de Glüge.

Partout ailleurs, il en est de même : dans les
muscles en voie d'atrophie, dans les myocardites,
dans les foyers hémorragiques ou nécrobiotiques,
les globules blancs se chargent d'englober, d'en-
lever et de détruire les restes des cellules mortes.
Cette fonction de phagocytose cellulaire, exercée
par les leucocytes dans l'organisme normal, s'exa-
gère considérablement au cours des états pathologiques ; quand les cellules sont détruites en grande
quantité par l'inflammation, les leucocytes ont
fort à faire pour débarrasser les parenchymes et les
humeurs des cadavres cellulaires. Ce seraient
aussi des phagocytes désignés sous le nom de
pigmentophages qui, suivant les observations
récentes de Metchnikoff, enlèveraient le pigment
aux poils et aux cheveux et produiraient la
canitie (1) ; mais la nature leucocytaire des
cellules susdites est douteuse ; il s'agit probable-
ment, non de cellules mésodermiques, mais de
cellules d'origine ectodermique ayant acquis des
fonctions phagocytaires spéciales.

(1) METCHNIKOFF. — Sur le blanchissement des cheveux et des
poils (*Annales de l'Institut Pasteur*, décembre 1901).

En somme, tous les éléments phagocytaires, et au premier rang les leucocytes mononucléaires, jouent un grand rôle dans la destruction des éléments nobles des parenchymes, dans le vieillissement de l'organisme ; peut-être même pourrait-on craindre que l'activité exagérée ou le nombre excessif des macrophages ne soit une cause d'atrophie sénile précoce des parenchymes, de vieillesse prématurée (1) : Metchnikoff avait été amené, par ses recherches, à le supposer et avait, pour lutter contre cet effet nuisible, essayé l'usage d'un sérum antileucocytaire.

La phagocytose s'exerce également contre les microbes. Toute introduction de microbes dans l'organisme provoque immédiatement un afflux de leucocytes qui s'efforcent d'englober et de détruire les germes nuisibles ; l'étude des réactions histopathologiques qui se produisent au niveau d'une plaque d'érysipèle cutané permet de suivre tous les stades de la lutte des cellules contre les microbes (Metchnikoff, Achalme). Le processus aboutit soit à l'englobement et à la destruction des streptocoques par les phagocytes si l'organisme est vainqueur, soit au contraire à la destruction des cellules et au passage des streptocoques dans la circulation sanguine, si

(1) Metchnikoff. — Étude sur la résorption des cellules (*Annales de l'Institut Pasteur*, novembre 1899).

le microbe triomphe de la résistance organique.

Quel que soit le microbe infectant, quel que soit le siège de l'infection, la phagocytose s'exerce suivant le même processus. Elle constitue le principal moyen de défense que l'organisme emploie contre l'infection.

Ce rôle phagocytaire n'est pas dévolu indifféremment à toutes les espèces de leucocytes : les plus jeunes, ou lymphocytes, qui n'ont pas encore atteint leur complet développement, ne le possèdent pas ; les gros leucocytes mononucléaires et les leucocytes polynucléaires sont seuls chargés de la phagocytose ; mais ces deux variétés n'agissent pas dans les mêmes conditions : au début d'une infection, le leucocyte polynucléaire, qui constitue la majorité des cellules du sang, est apporté en grande quantité par les vaisseaux au niveau du foyer morbide, et c'est par lui qu'est joué le premier acte dans le processus de la phagocytose. Plus tard, les leucocytes mononucléaires affluent à leur tour ; ils englobent les corps étrangers ou les germes infectieux restés libres, les cellules détruites dans la lutte contre l'infection, les leucocytes polynucléaires eux-mêmes, dont le protoplasma est chargé de microbes. Pour remplir ce rôle, les leucocytes mononucléaires se transforment en énormes cellules, ayant souvent plus de 20 µ de diamètre ; leur protoplasma, criblé de lacunes, apparaît bourré de microbes, de globules rouges, de cellules en voie de destruction ; tous ces éléments sont détruits peu à peu, par une sorte de digestion, à l'intérieur de la cellule, et après un certain temps, il ne reste plus que des granulations ou des débris pigmentaires.

Que l'on étudie la phagocytose dans les infections tuberculeuses des poumons et des reins, comme l'a fait Borrel (1) ; dans les infections par la bactéridie charbonneuse injectée dans la circulation sanguine, comme l'a fait Werigo (2) ; dans les infections des ganglions lymphatiques, comme nous l'avons fait avec F. Bezançon (3), etc. ; après l'inoculation de corps étrangers dans le péritoine, le résultat est le même : à une phase de polynucléose locale succède une phase de mononucléose locale. Dans la première, la phagocytose est exécutée par les leucocytes polynucléaires ou microphages, qui constituent les leucocytes de la défense mobile ; dans la deuxième, la phagocytose est due aux leucocytes mononucléaires et peut-être

(1) BORREL. — Tuberculose pulmonaire expérimentale (*Annales de l'Institut Pasteur*, août 1893). — BORREL. — Tuberculose expérimentale du rein (*Ibid*, février 1894).

(2) WERIGO. — Développement du charbon chez le lapin (*Annales de l'Institut Pasteur*, janvier 1894).

(3) F. BEZANÇON et M. LABBÉ. — *Arch. de médecine expérimentale*, mai 1898. — Marcel LABBÉ. — Étude du ganglion lymphatique dans les infections aiguës (Thèse de Paris, 1898).

aux cellules endothéliales et conjonctives qui constituent les macrophages.

En d'autres termes, les leucocytes polynucléaires forment l'avant-garde, les mononucléaires l'arrière-garde de la défense organique.

Les études récentes ont montré que la phagocytose s'exerce aussi vis-à-vis des substances chimiques.

Des expériences de Chatenay (1) il résulte que les toxines microbiennes éveillent la même réaction leucocytaire que les microbes eux-mêmes : les toxines sont absorbées, fixées et détruites par les leucocytes.

Dans l'expérience de Wassermann et Takaki (2), si la toxine tétanique, inoculée avec une émulsion de substance cérébrale, n'exerce pas d'action nuisible, c'est que les phagocytes ont absorbé à la fois la substance cérébrale et la toxine et ont annihilé l'action de cette dernière (3).

Il en est de même pour les toxines d'origine végétale non microbiennes, comme l'abrine, la ricine.

Ainsi les leucocytes protègent l'organisme aussi bien contre les intoxications que contre les infections.

(1) CHATENAY. — Les réactions leucocytaires vis-à-vis de certaines toxines (Thèse de Paris, 1894).
(2) WASSERMANN et TAKAKI. — *Berliner klin. Wochensch.*, 1898.
(3) ROUX et BORREL. — *Annales de l'Institut Pasteur*, 1899.

Les substances médicamenteuses introduites sous la peau ou dans le sang sont également absorbées par les leucocytes.

Les expériences de Calmette, de Lombard (1), sur le sort de l'atropine injectée dans l'organisme, montrent l'absorption de ce poison par les leucocytes et réduisent à un phénomène de phagocytose l'immunité naturelle du lapin contre l'atropine.

Les recherches de Besredka (2) ont montré que le trisulfure d'arsenic, sel insoluble, inoculé dans le péritoine du cobaye, est absorbé par les leucocytes, puis digéré, désagrégé et solubilisé à l'intérieur de ces cellules, qui vraisemblablement le transforment en un autre sel arsenical inoffensif pour l'organisme. Un sel arsenical soluble, l'arsénite de potassium, injecté à des lapins est également absorbé par les leucocytes à l'intérieur desquels on peut démontrer sa présence par l'analyse chimique.

Kobert (de Dorpat) et ses élèves (3) ont établi, dans une série de recherches, que le fer soluble, introduit dans l'organisme, est en grande partie absorbé par les leucocytes qui le fixent dans le foie, la rate et la moelle des os. Metchnikoff a

(1) Lombard. — Contribution à l'étude physiologique du leucocyte (Thèse de Paris, 1901).

(2) Besredka. — *Annales de l'Institut Pasteur*, 1899, p. 49 et 209.

(3) Kobert. — *Arbeiten der pharmak. Institutes zu Dorpat*, 1893-94.

fait la même constatation à la suite des injections sanguines, péritonéales ou sous-cutanées, de fer soluble (1).

Arnozan et Montel (2) ont constaté au niveau des nodules sous-cutanés formés par l'injection d'une émulsion de calomel, comme dans le sac lymphatique dorsal de la grenouille et dans le péritoine du cobaye, l'absorption et la solubilisation du calomel qui est transformé par les leucocytes en sublimé et en mercure réduit.

Stassano (3) avec les sels mercuriels solubles, Samoïloff (4) avec les sels solubles d'argent, Arnozan et Montel avec le salicylate de soude et l'iodoforme, sont arrivés au même résultat.

Toutes ces recherches établissent d'une façon positive le rôle des leucocytes, et surtout des leucocytes mononucléaires, dans l'absorption, la solubilisation et l'assimilation des médicaments. Cette étude, qui mènera peut-être à des découvertes intéressantes touchant la physiologie des médications, est d'ailleurs encore peu avancée et entourée de difficultés très grandes, car, si les

---

(1) Metchnikoff. — *Annales de l'Institut Pasteur*, 1894, p. 719.

(2) Arnozan et Montel. — *XIIIe Congrès internat. de méd.*, Paris, 1900. — Montel. — Rôle des leucocytes dans l'absorption des médicaments (Thèse de Bordeaux, 1900-01).

(3) Stassano. — L'absorption du mercure par les leucocytes (*C. R. de l'Académie des sciences*, 1898, t. CXXVII, p. 680).

(4) Samoïloff. — *Arb. der pharmak. Institutes zu Dorpat*, 1893.

composés inorganiques sont faciles à retrouver dans l'économie et à doser, il n'en est plus de même des composés organiqües, et surtout de ceux qui sont arrivés à faire partie intégrante de nos tissus. Ainsi le fer minéral se reconnaît facilement grâce aux réactions qu'il donne avec le sulfure d'ammonium ou avec le ferrocyanure de potassium et l'acide chlorhydrique, tandis que le fer organique est beaucoup plus difficile à déceler.

Il semble, en outre, que le leucocyte ne se borne pas à assimiler, mais qu'il transporte aussi les médicaments à travers l'organisme et qu'il les apporte aux points où leur activité est nécessaire pour aider les tissus à lutter contre une infection ou une intoxication, ou à réparer les désordres de la lutte. Le sort des substances introduites à l'état de division très fine comme les grains de cinabre dans la circulation n'est pas livré au hasard. Les recherches de Cohnheim, Hoffmann et Recklinghausen (1) Ponfick (2), Slaviansky, Rutimeyer, etc., ont montré que, chez les animaux sains, ces substances sont portées par les globules blancs dans le foie, la rate, la moelle des os, etc. ; il n'en est pas de même chez les animaux malades où ces substances se déposent d'une façon prépon-

(1) Hoffmann et Recklinghausen. — *Centralblatt f. die medic. Wissenschaften,* 1867.
(2) Ponfick. — *Virchow's Archiv,* Bd XLVIII.

dérante dans les foyers inflammatoires. Il en est
à cet égard des substances inorganisées comme
des bactéries. Ainsi les leucocytes apporteraient
le mercure aux lésions syphilitiques, le fer aux
organes hématopoïétiques des anémiques, l'arsenic
à la glande thyroïde et aux productions épidermiques, l'acide cinnamique ou le baume du
Pérou aux foyers de tuberculose pulmonaire (Landerer) (1). Ce transport et cette localisation élec-
tive se feraient grâce à la chimiotaxie qui appelle
les leucocytes vers tout foyer irrité, infecté ou
traumatisé de l'organisme, grâce aussi à la spécificité de localisation des médicaments, dont il
faut sans doute tenir un très grand compte.

A l'égard des aliments, le leucocyte remplit les
mêmes fonctions qu'à l'égard des médicaments :
il sert, dans une proportion encore impossible à
apprécier, à leur absorption, à leur transformation, et à leur distribution aux éléments cellulaires
qui en ont besoin ; son rôle dans l'absorption des
graisses qui suivent la voie des chylifères et traversent des organes lymphatiques avant de péné-
trer dans le canal thoracique n'est pas douteux ;
son action est peut-être aussi nécessaire pour
l'absorption et la digestion des matières albuminoïdes, qui, après avoir subi l'action des sucs

(1) LANDERER. — Le traitement de la tuberculose, traduction
Alquier, Paris 1899.

digestifs, n'ont pas la même constitution que les albuminoïdes qui composent nos tissus et ont besoin d'être modifiées avant de pouvoir être encore réellement incorporées.

Beaucoup d'auteurs regardent les granulations des leucocytes comme des matériaux alimentaires ou des ferments accumulés dans le protoplasma. Ehrlich (1) interprète dans ce sens les granulations des mastzellen. Ranvier (2), Salmon (3) attribuent les granulations iodophiles de certains leucocytes à des amas de glycogène, substance dont on connaît le rôle important dans la nutrition et l'accroissement rapide des éléments anatomiques (4).

Les mastzellen d'Ehrlich, comme les clasmatocytes de Ranvier, et sans doute aussi les autres globules blancs, seraient des leucocytes qui se sont chargés de réserves nutritives dans le sang ou dans les organes et qui apportent ces réserves

(1) EHRLICH. — Beitrag zur Kenntniss der granulirten Zellen, *in* Farben analytische, 1891, Bd. I, S. 1.

(2) RANVIER. — De l'endothélium du péritoine et des modifications qu'il subit dans l'inflammation expérimentale (*C. R. de l'Académie des sciences*, 20 avril 1891).— Sur le mécanisme histologique de la cicatrisation et sur des fibres nouvelles : « fibres synaptiques » (*Ibid.*, mars 1897). — Recherches expérimentales sur le mécanisme de la cicatrisation des plaies de la cornée (*Arch. d'anatomie microscopique*, t. II, p. 184).

(3) SALMON. — Glycogène et leucocytes (Thèse de Paris, 1899).

(4) La nature de ces granulations est aujourd'hui très discutée : beaucoup d'auteurs nient qu'elles soient formées de glycogène.

dans le tissu conjonctif où ils s'accumulent. L'accumulation et la destruction des leucocytes dans les plaies en voie de réparation n'est-elle pas aussi motivée par la nécessité d'apporter aux éléments cellulaires nouveaux des matériaux nutritifs abondants?

En définitive, le leucocyte nous apparaît comme l'intermédiaire entre les éléments nutritifs ou médicamenteux venant du dehors et les éléments de nos tissus, entre les éléments inorganiques et les éléments organisés.

Il est à la fois celui qui prend au dehors, celui qui transforme et celui qui fixe ces éléments sur nos tissus.

Tous les phénomènes de phagocytose, qu'ils s'exercent vis-à-vis des cellules, des microbes, des toxines, des substances chimiques solubles ou insolubles, ont la même signification ; dans tous ces cas, le rôle du globule blanc n'est pas seulement mécanique, c'est aussi un rôle chimique ; grâce aux ferments solubles qu'il contient dans son protoplasma, il détruit, transforme, assimile les corps absorbés ; en dernière analyse, tous ces phénomènes se réduisent à un processus de digestion intracellulaire (Metchnikoff).

Les leucocytes ne se contentent pas d'absorber et de digérer les corps étrangers. Ils sécrètent des substances actives très variées, dont quelques-unes seulement sont étudiées et connues, mais dont le nombre est sans doute très considérable. Ces substances présentent, pour la plupart, des caractères qui les ont fait assimiler aux ferments solubles.

Les recherches de Portier (1), de Salkowski, d'Abelous et Biarnès, de Brandenburg, ont montré l'existence de ferment oxydant, d'oxydase, dans les globules blancs.

Le ferment coagulant du sang, fibrin-ferment de Schmidt ou plasmase de Duclaux, est sécrété par les leucocytes; l'expérience classique de Hewson, de Brücke, de Glénard peut servir à le démontrer (2). On immobilise du sang par deux ligatures dans un segment de la veine jugulaire d'un cheval; on divise ensuite le segment en trois tronçons par deux nouvelles ligatures, et on prélève avec une pipette le liquide contenu dans chacun des tronçons (tronçon inférieur contenant les globules rouges, tronçon moyen contenant des globules rouges et blancs et du plasma, tronçon supérieur ne contenant que du plasma), pour essayer ses propriétés coagulantes; on voit ainsi

(1) PORTIER. — Les oxydases dans la série animale, leur rôle physiologique (Thèse de Paris, 1897). — BRANDENBURG. — *Munch. med. Woch.*, 1900, n° 3, p. 183.

(2) HEWSON. — The Works of Hewson. Sydenham édit. Londres. 1846. — BRÜCKE. — *Arch. f. path. Anatomie*, 1857. — F. GLÉNARD. — *Bull. Soc. chimique*, 1875, t. XXIV.

que le tronçon moyen possède un pouvoir coagulant plus marqué que les autres tronçons, ce qui montre bien que le ferment coagulant provient des leucocytes et non point des globules rouges ni du plasma.

A côté du ferment coagulant existe, dans le leucocyte, une substance anticoagulante (thrombase de Duclaux, histone de Lilienfeldt).

Enfin le leucocyte contient encore : un ferment fibrinolytique (Leber, Achalme) (1), un ferment de la caséine, un ferment analogue à la trypsine, un ferment glycolytique (Arthus), un ferment amylolytique (Rossbach, Zabolotny, Tarchetti) (2), un ferment lipasique, dont Poulain (3) a montré l'existence et le rôle important pour l'assimilation et l'utilisation des graisses dans les ganglions mésentériques et les ganglions périphériques.

Les travaux de Bordet, de Metchnikoff, de Ehrlich et Morgenroth ont montré que la destruction des corps cellulaires et des corps microbiens dans l'organisme des animaux était due à une substance particulière, la cytase, sécrétée par

(1) LEBER. — Die Entstehung der Entzündung. Leipsig, 1891. — ACHALME. — *Soc. de biologie*, 1899.

(2) ROSSBACH. — *Deut. med. Wochensch.*, 1890. — ZABOLOTNY. — *Arch. russes de pathologie*, 1900.

(3) A. POULAIN. — Étude de la graisse dans le ganglion lymphatique normal et pathologique (Thèse de Paris, 1902).

les leucocytes polynucléaires et surtout par les leucocytes mononucléaires. Cette substance, sorte de ferment digestif, attaque et détruit les cellules étrangères et les microbes qui sont sensibles à son action; grâce à elle, les éléments nuisibles sont détruits dans le corps des leucocytes. C'est par conséquent à cette sécrétion leucocytaire qu'est due en majeure partie la défense de l'organisme.

Ajoutons encore que les substances agglutinantes qui se développent au cours des diverses infections microbiennes, ou à la suite de l'inoculation de cellules étrangères dans l'organisme, sont des produits de sécrétion leucocytaire.

Les leucocytes fabriquent-ils aussi les antitoxines? D'après la théorie d'Ehrlich, on doit l'admettre. Les cellules qui absorbent les poisons sont aussi celles qui produisent les antipoisons. Metchnikoff incline vers cette hypothèse ; A. Gautier (1), J. Courmont (2) aussi.

Nous aurons ainsi indiqué la plupart des substances, élaborées par le protoplasma des leucocytes, qui sont connues aujourd'hui. Il est probable que cette énumération est fort incomplète, et que l'avenir nous fera découvrir

---

(1) A. GAUTIER. — Toxines microbiennes et animales.
(2) J. COURMONT. — Traité de pathologie générale, t. III, art. INFLAMMATION.

un très grand nombre d'autres substances actives dues aux leucocytes.

La production de ces substances représente une véritable sécrétion interne. A l'état normal, elles ne sortent pas du globule blanc et leur action ne s'exerce que sur les corps englobés par celui-ci : la digestion est intracellulaire.

Mais quand le leucocyte est altéré, quand il est détruit par un processus toxique ou infectieux, ou même, seulement, quand sa tension superficielle vient à se modifier par suite des adhérences qu'il contracte avec les parois vasculaires ou les éléments des tissus, ces produits de sécrétion interne sortent du protoplasma leucocytaire et passent dans le plasma sanguin ou dans la lymphe. C'est ce que l'on voit se produire quand, à l'instar de Pfeiffer, on injecte des vibrions cholériques dans le péritoine d'un cobaye vacciné contre ce microbe : la digestion, qui, dans le cas précédent, était intracellulaire, devient alors extracellulaire.

Ainsi les ferments des leucocytes passent dans le sérum et les sérosités; il en résulte que celles-ci manifestent des propriétés digestives, bactériolytiques, cytolytiques, dues à la cytase des leucocytes; des propriétés agglutinantes, oxydantes, etc., dues à l'agglutinine, à l'oxydase, etc., des leucocytes.

Mais, il ne faut pas l'oublier, les propriétés des humeurs sont, ainsi que Metchnikoff et ses élèves l'ont démontré, d'origine leucocytaire, la destruction extracellulaire des microbes et des cellules est due aux mêmes causes que la destruction intracellulaire, c'est-à-dire aux substances sécrétées par le leucocyte lui-même ; de sorte qu'en définitive, comme nous l'avons fait remarquer au début de ce chapitre, tout provient du leucocyte, qui joue le rôle primordial dans la production de l'immunité.

On sait, depuis les travaux de Wharton Jones (1), de Ranvier, de Cohnheim, que les leucocytes sont doués de mouvements propres servant à leur nutrition et à leur déplacement. Ils sont capables de s'étirer, de s'amincir, de façon à traverser les parois vasculaires et à cheminer dans les interstices des tissus : c'est la *diapédèse*. Tous les leucocytes ne sont pas également mobiles. Ce sont les leucocytes polynucléaires qui possèdent au plus haut degré cette propriété; il semble que la division de leur noyau en une série de tronçons facilite l'amincissement et l'étirement de la cellule et son passage à travers des fentes étroites (Heidenhain, Metchnikoff).

Les leucocytes ne doivent pas être considérés comme des cellules inertes transportées passive-

(1) Wharton Jones. — *Philosophical Transactions*, 1846.

ment par le courant sanguin ; grâce à leurs
mouvements amiboïdes, à leurs changements de
forme, ils peuvent s'arrêter, même dans le sang
en circulation, s'accoler à la paroi des capillaires,
lui adhérer, la traverser : l'observation directe de
la circulation dans les capillaires sanguins du
mésentère de la grenouille mis à nu -ı· fait foi (1).

Ainsi leur répartition n'est pas seulement dévolue au mécanisme de la circulation sanguine,
aux influences vaso-motrices ; elle dépend bien plus
d'une propriété particulière des globules blancs
qui sont aptes à se diriger vers les points de l'organisme où le besoin s'en fait sentir, pour y apporter
des éléments nutritifs et des ferments, ou pour y
exercer la phagocytose. Cet appel des leucocytes,
démontré par Leber, Massart, Büchner et Metchnikoff, désigné sous le nom de *chimiotaxie*, est
dû à une sensibilité spécifique et très délicate
de ces cellules, qui semble obéir à des lois définies :
certaines substances, microbes et toxines faibles,
corps étrangers, attirent les leucocytes et exercent
une chimiotaxie positive ; d'autres au contraire,
microbes hypervirulents, toxines très actives,
paraissent repousser les leucocytes et exercer une
chimiotaxie négative.

C'est là une interprétation trop simpliste des
hyperleucocytoses et des hypoleucocytoses ; en

(1) EBERTH et SCHIMMELBUSCH. — *Virchow's Archiv*, CIII et CV.

réalité, l'action des microbes et des toxines est plus complexe et ne se borne pas à l'attraction ou à la répulsion des leucocytes ; si la chimiotaxie peut expliquer les leucocytoses locales, elle ne rend pas compte des leucocytoses générales. L'action des microbes et des toxines porte en premier lieu non sur les leucocytes, mais sur les organes hématopoïétiques, pour les exciter le plus souvent, d'où l'hyperleucocytose, pour les sidérer quelquefois, lorsque l'infection ou l'intoxication est excessivement intense, d'où l'hypoleucocytose.

En résumé, la sensibilité fonctionnelle à l'infection et à l'intoxication n'est pas dévolue seulement aux leucocytes, mais aussi aux organes qui leur donnent naissance.

La sensibilité des leucocytes ne s'exerce pas de la même manière vis-à-vis de toute espèce d'infection ou d'intoxication ; elle est presque spécifique. Telle infection, comme la pneumonie, détermine une hyperproduction et un afflux de leucocytes polynucléaires ; telle autre, comme la variole, excite la production des mononucléaires ; enfin certains parasites, comme les hydatides, les vers intestinaux, amènent une hypergenèse de leucocytes éosinophiles.

Habituellement, la leucocytose locale, due à la chimiotaxie, concorde avec la leucocytose générale, due à l'excitation de l'hématopoïèse ; mais il ne faudrait cependant pas croire que cette concordance est absolue. Si, dans la majorité des cas, les espèces de leucocytes trouvées dans une lésion locale et dans le sang de la circulation générale sont les mêmes ; si, par exemple, les leucocytes de la pustule variolique sont, ainsi que l'a montré Weil (1), identiques à ceux du sang du varioleux examiné au même moment, la concordance ne constitue pas une loi absolue. La chimiotaxie exercée par une lésion ou par une irritation locale peut porter exclusivement ou spécialement sur l'une des espèces leucocytaires en circulation dans le sang.

Ainsi Neusser a vu que, dans le liquide des bulles de pemphigus, on trouvait des éosinophiles à l'exclusion de tout autre élément cellulaire ; tandis que chez le même malade, la bulle d'un vésicatoire ne contenait que des leucocytes polynucléaires neutrophiles. Chantemesse (2) a vu aussi que, chez un convalescent d'érysipèle dont le sang contenait 5 p. 100 d'éosinophiles, la sérosité du vésicatoire ne contenait que 2 p. 100 des mêmes cellules. Leredde (3) a montré que les bulles de la maladie de Duhring contiennent 60 à

---

(1) E. Weil. — Thèse de Paris, 1901.
(2) Chantemesse. — Le globule blanc, *loc. cit.*
(3) Leredde et Perrin. — *Ann. de dermatologie*, 1895.

95 p. 100 d'éosinophiles, tandis que le sang en contient 5 à 40 p. 100.

Ces quelques exemples montrent assez la sensibilité quasi spécifique dont est douée chacune des variétés de globules blancs. L'étude des leucocytoses provoquées par les maladies achèvera la démonstration.

Nous venons de voir que les leucocytes possèdent un grand nombre de fonctions diverses. Metchnikoff (1) résume ainsi le rôle de ces organites dans les infections :

« Parmi toutes les cellules de l'organisme, ce sont les éléments ayant conservé le plus d'indépendance, les phagocytes, qui, le plus facilement et les premiers, acquièrent l'immunité dans les maladies infectieuses. Ce sont eux qui se dirigent vers les endroits où parviennent les microbes et les poisons, et qui manifestent une réaction contre eux. Les phagocytes de l'organisme indemne englobent et détruisent les microbes et absorbent les toxines et autres poisons. L'acte final de la réaction des phagocytes est constitué par les processus chimiques ou chimico-physiques de la digestion des microbes, à l'aide des cytases, favorisées par les fixateurs ; dans la défense contre les poisons, les phagocytes doivent aussi exercer une

(1) METCHNIKOFF. — L'immunité dans les maladies infectieuses. Paris, 1902.

influence chimique. Mais, avant que ces phénomènes se mettent en jeu, les phagocytes manifestent des actes purement biologiques, tels que la perception des sensations chimiotactiques et autres, les mouvements dirigés vers les endroits menacés, l'englobement des microbes et l'absorption des toxines, et enfin la sécrétion des substances qui doivent être utilisées dans la digestion intracellulaire. »

Les leucocytes pourraient encore, suivant certains histologistes, se fixer dans les tissus, et s'adapter à des fonctions nouvelles pour remplacer les éléments anatomiques détruits. Cornil admet l'identité de nature et de fonction des gros leucocytes mononucléaires et des cellules endothéliales ; Ranvier (1) considère que les cellules à prolongements multiples ou clasmatocytes qu'il a décrites dans le tissu conjonctif des membranes sont des leucocytes immobilisés : les travaux de Jolly, qui est arrivé à fixer les mouvements amiboïdes des leucocytes, en fournissent la preuve.

Si nous envisageons dans leur ensemble les fonctions multiples remplies par le leucocyte, nous voyons qu'il sert à la fois à la défense, à la

(1) RANVIER. — Des clasmatocytes (*C. R. de l'Académie des sciences*, 1890, t. CX, p. 165). — De l'origine des cellules du pus et du rôle de ces éléments dans les tissus enflammés (*Ibid.*, 27 avril 1891). — Transformation *in vitro* des cellules lymphatiques en clasmatocytes (*Ibid.*, 6 avril 1891).

nutrition et à la réparation de l'organisme ; c'est une glande unicellulaire mobile (Ranvier) (1), une cellule à tout faire, un véritable « microcosme ». Il représente le type de la cellule à fonctions indéterminées, opportuniste, capable de se comporter différemment suivant les besoins de l'organisme, opposée à l'élément spécialisé, ne remplissant qu'un seul rôle, que représente la cellule épithéliale.

4. — PLAQUETTES SANGUINES.

Il me reste à citer, parmi les éléments cellulaires du sang, les *plaquettes sanguines* de Bizzozero, ou *hématoblastes* de Hayem (2), dont la nature et les fonctions sont discutées. La plupart des auteurs les font dériver des globules blancs, dont ils possèdent les réactions colorantes et la réfringence spéciales, et leur attribuent un rôle dans la coagulation du sang. Lorsqu'on regarde le sang coaguler sous le microscope, on voit en effet que ces plaquettes occupent les nœuds du réseau de fibrine ; la coagulation est d'autant plus facile et plus rapide que les plaquettes sont plus abondantes.

Hayem, qui admet aussi leur rôle dans la

(1) RANVIER. — Traité technique d'histologie, 1re édition, 1875, p. 175.

(2) HAYEM. — Du sang et de ses altérations anatomiques. Paris 1889.

coagulation, les considère en outre comme des éléments spéciaux en rapport avec la formation des globules rouges. Il appuie son opinion sur l'observation d'hématoblastes pourvus de noyaux comme les hématies elles-mêmes dans le sang de la grenouille, sur l'existence de formes de transition entre les hématoblastes et les hématies, et sur l'augmentation du nombre des hématoblastes dans les processus de régénération sanguine.

5. — PLASMA.

Le plasma est formé de sérum et des éléments constituants de la fibrine.

La *fibrine* n'est pas préformée dans le sang, mais ses matériaux y sont contenus. Elle se produit chaque fois que le besoin s'en fait sentir et constitue, ainsi que l'ont montré Gilbert et Fournier (1), un moyen de défense important mis en œuvre par l'organisme pour arrêter les hémorragies, limiter les infections, réparer les tissus.

La quantité de fibrine, d'après Schmidt et Lehmann, est de 4,05 p. 1000 dans le plasma du sang normal. Cette proportion est très fixe : quand on cherche à la modifier, comme l'a fait Dastre chez un chien, en faisant des prises de sang suc-

(1) Gilbert et Fournier. — *Semaine médicale*, 14 juin 1899.

cessives, et en réinjectant le sang dans les vaisseaux après l'avoir défibriné, la proportion de fibrine reste la même, bien qu'on ait, au cours de ces saignées successives, soustrait à l'organisme une quantité de fibrine égale à celle du sang total. Substance fibrinogène et plasmase se reproduisent donc au fur et à mesure, de façon à rester en même quantité dans le sang.

Une modification appréciable de la proportion de fibrine est l'indice d'un état pathologique.

Le *sérum* est formé d'eau contenant en dissolution des albuminoïdes (globuline et sérine), des matières azotées (urée, acide urique, créatine, xanthine, etc.), du glycose, des graisses, des pigments, des gaz, des sels inorganiques, etc.

A l'état normal, la composition du sérum sanguin est, ainsi que l'a fait ressortir Achard (1), remarquablement fixe. Elle résulte d'une sorte de balancement qui s'établit sans cesse entre le sang et les tissus par le moyen de l'osmose.

Ces échanges osmotiques se font en tous points du réseau circulatoire, mais particulièrement au niveau des émonctoires, des reins, des poumons, des glandes intestinales, salivaires, du tissu con-

(1) ACHARD. — Le mécanisme régulateur de la composition du sang (*Presse médicale*, 11 septembre 1901). — ACHARD et LOEPER. — *Soc. de biologie*, 30 mars 1901.

jonctif, etc. Ce sont donc les émonctoires qui jouent le principal rôle dans le maintien de la concentration du sérum. Parmi ces émonctoires, les uns, comme le rein, ont tendance à diminuer la concentration du sang, car ils lui enlèvent proportionnellement plus de molécules dissoutes que d'eau, la concentration moléculaire de l'urine étant plus élevée que celle du sérum ; d'autres, au contraire, comme le poumon, tendent à augmenter la concentration du sang, car ils éliminent proportionnellement plus d'eau que de substances dissoutes.

Quant aux échanges qui se font par osmose entre le sang et les sérosités interstitielles, le sens en est variable suivant les conditions physiologiques : tantôt c'est un appel d'eau qui se fait des tissus vers le sang, lorsque la concentration moléculaire du sang tend à s'élever, ainsi que Hallion et Carrion (1) l'ont réalisé expérimentalement en injectant une solution hypertonique de chlorure de sodium dans les vaisseaux ; tantôt, au contraire, l'eau passe du sang dans les tissus interstitiels pour y dissoudre les substances accumulées, augmentant ainsi la quantité de lymphe et donnant naissance, dans les conditions pathologiques, aux œdèmes du tissu cellulaire.

(1) HALLION et CARRION. — Sur la pathogénie de l'œdème (Soc. de biologie, 25 février 1899).

Cette théorie, d'après laquelle les œdèmes au cours des néphrites devraient être considérés comme un procédé employé par l'organisme pour désintoxiquer le sang, ne laisse pas d'être séduisante.

En tous cas, les échanges osmotiques entre le sang et les tissus sont très actifs; les substances introduites dans la circulation sanguine diffusent très rapidement dans les tissus.

V. de Velde (1) a montré que le sérum antileucocytique et le sérum antityphique de cheval, introduits dans la circulation du lapin, se retrouvent rapidement dans les exsudats et dans les œdèmes provoqués chez cet animal, ensuite qu'ils y atteignent une concentration aussi forte que dans le sang en circulation. Les substances injectées dans le courant sanguin ou dans le tissu cellulaire passent bientôt dans la sérosité interstitielle et dans les sérosités de la plèvre, du péritoine, etc. On a même cherché, pour étudier la perméabilité pleurale, une méthode fondée sur le passage facile dans les sérosités du bleu de méthylène ou du salicylate de soude injectés sous la peau.

Les divers émonctoires peuvent se suppléer les uns les autres. Ainsi, quand, par suite d'un état pathologique, la perméabilité rénale est diminuée,

(1) V. DE VELDE. — Passage du sérum des vaisseaux sanguins dans les tissus et les exsudats (*Presse médicale*, 3 janvier 1900).

que le rein est pour ainsi dire fermé, les substances dissoutes dans le sang, ne pouvant plus s'éliminer par les urines, s'accumulent dans les tissus : le sang se débarrasse par un autre procédé qu'à l'état normal des substances étrangères ou de l'excès de substances normales qu'il contient, et sa composition chimique tend par ce moyen à redevenir normale. C'est ainsi que, dans les cas d'ictère, le rein devenant momentanément moins perméable, le pigment biliaire ne reste pas dans le sérum et s'accumule dans les tissus ; de même, Achard et Lœper (1) ont vu que, dans la pneumonie, l'insuffisance d'élimination des chlorures et de l'urée par les urines détermine une rétention relative de ces substances dans le sang, qui s'en débarrasse rapidement en les fixant dans les tissus, d'où elles seront ensuite éliminées au moment de la crise urinaire qui accompagne la défervescence de la pneumonie.

De l'équilibre fonctionnel qui s'établit entre l'action des émonctoires résulte l'équilibre de la composition chimique du sérum sanguin.

Cet équilibre a, dans les conditions physiologiques, une tendance constante à se rétablir lorsqu'il vient à être troublé par une cause acciden-

---

(1) Achard et Lœper. — Sur la rétention des chlorures dans l'organisme au cours de certains états morbides (*Soc. de biologie*, 23 mars 1901).

telle. La digestion, la sudation ne le modifient que d'une façon très passagère.

La tendance du sang à conserver sa composition constante est particulièrement remarquable dans l'alimentation acide. Hoffmann, en nourrissant des pigeons exclusivement avec du jaune d'œuf acide; Salkowsky, Lassar, Walter, en faisant absorber des acides dilués d'une façon continue par des chiens et par des lapins, ne sont pas parvenus à modifier notablement la réaction du sang.

Hamburger a vu que l'équilibre humoral sanguin se rétablissait avec rapidité quand on l'avait modifié par des injections de sérum artificiel hypertonique ou hypotonique.

Si l'on injecte, comme l'a fait Klikowicz, du chlorure de sodium ou du sulfate de soude dans le sang, ce sel passe immédiatement dans les tissus, avant même d'être éliminé par les urines, de sorte que, quelques minutes après l'injection, on n'en retrouve que des traces dans le sang. Puis, peu à peu, au fur et à mesure que les reins jouent leur rôle d'organes éliminateurs, les sels fixés sur les tissus repassent dans le sang pour être éliminés par les urines (1).

De même, Achard et Lœper, ont vu que l'injection dans le sang de substances normales comme

(1) KLIKOWICZ. — Die Regelung des Salzmengen des Blutes (*Arch. f. Physiologie*, 1886).

le chlorure de sodium, ou de substances étrangères
comme les iodures, le ferrocyanure de potassium,
le bleu de méthylène, l'albumine de l'œuf, était
suivie d'une élimination rapide. Baylac est arrivé
aux mêmes conclusions par l'étude de l'élimination du chlorure de sodium injecté dans le
sang (1).

Charon et Briche (2) ne sont parvenus qu'à modifier très passagèrement et très légèrement la
réaction du sang par l'injection sous-cutanée de
substances alcalines.

Par tous les moyens, par tous les émonctoires,
le sang tend à se défaire des principes en excès et
des substances étrangères ou nuisibles qui y sont
introduites, afin de revenir à l'équilibre chimique
physiologique, constamment troublé, mais aussi
constamment rétabli.

La *masse totale* du sang, considérée absolument
et dans son rapport avec celle du corps, possède
une fixité non moins remarquable que celle des
éléments constituants du sang.

Qu'elle soit diminuée par une hémorragie acci-
dentelle ou par une saignée, ou qu'on cherche,
au contraire, à l'augmenter par une transfusion

(1) BAYLAC. — De la teneur du chlorure de sodium des tissus et
des divers liquides de l'organisme dans la pneumonie (*Congrès
de Toulouse*, avril 1902).

(2) CHARON et BRICHE. — *Archives de neurologie*, 1897.

ou par des injections intraveineuses de sérum artificiel, elle tend toujours à revenir très rapidement à la normale.

Une demi-heure après une saignée, le sang a récupéré son volume antérieur (Vierordt, Lesser). Une injection de sérum artificiel ne provoque qu'une hypertension vasculaire très passagère, le liquide injecté dans le sang étant éliminé presque simultanément par les reins. Après une transfusion, le sang revient en deux à cinq jours (Worm-Müller) (1) à son volume primitif : l'excès d'eau s'élimine par les reins, les albuminoïdes du sérum sont excrétés sous forme d'urée ; l'excès des globules est plus long à s'éliminer.

Que l'on considère donc chacun des éléments ou la masse totale du sang, on est toujours amené à constater la même tendance remarquable à l'équilibre physiologique.

(1) Worm-Müller. — Transfusion (Plethora. Christiania, 1875).

III. — RUPTURE
DE L'ÉQUILIBRE PHYSIOLOGIQUE DU SANG
DANS LES MALADIES

L'équilibre de la composition du sang est toujours rompu dans les maladies.

Les modifications portent à la fois sur tous les éléments du sang, mais à des degrés divers. Elles sont en rapport avec la nature de la maladie et avec sa gravité, de sorte que leur étude peut être utilisée pour le diagnostic et le pronostic des maladies.

Les globules rouges et l'hémoglobine, relativement peu altérés dans les maladies aiguës, subissent au contraire profondément l'atteinte des maladies chroniques. La diminution progressive des hématies et de l'hémoglobine, les altérations des hématies sont un des caractères de l'état de cachexie.

Le plasma subit des modifications plus considérables dans les processus chroniques, cachectisants, hydropigènes que dans les processus aigus. Au cours de certaines affections, des produits anormaux, comme le pigment biliaire, le sucre, formés en trop grande abondance, ne peuvent être éliminés par les urines et s'accumulent dans le plasma et dans les humeurs de l'organisme.

La fibrine augmente, en général, dans les processus aigus, fébriles, inflammatoires, en particulier dans la pneumonie, le rhumatisme articulaire aigu, de sorte que l'étude de la coagulation du sang et l'appréciation de la quantité de fibrine peuvent servir au diagnostic de ces affections.

Ce sont les leucocytes qui subissent dans les maladies aiguës les modifications les plus importantes. Celles-ci portent d'abord sur la quantité des leucocytes.

La plupart des maladies aiguës augmentent le nombre des leucocytes, produisent de l'*hyperleucocytose* : le chiffre des globules blancs s'élève de 6 000 à 15 000 ou 30 000, quelquefois même beaucoup plus. Tel est surtout le cas des maladies franchement inflammatoires, des suppurations chaudes, de la pneumonie, du rhumatisme articulaire aigu, de l'érysipèle, de la scarlatine, de la blennorragie, etc.

Au contraire, les maladies chroniques, la tuberculose, la syphilis, le cancer, augmentent relativement peu le nombre des leucocytes. L'hyperleucocytose se montre surtout au moment des poussées aiguës ou à la suite d'infections secondaires.

Cependant il y a quelques exceptions : certaines maladies aiguës, comme la fièvre typhoïde, la fièvre paludéenne, s'accompagnent d'une diminution des leucocytes, d'une *hypoleucocytose* ; la rougeole à sa période d'état est caractérisée par un nombre normal de leucocytes. D'autres maladies, comme la diphtérie, les septicémies, peuvent donner, dans les cas très graves, tantôt une hyper-leucocytose excessive, tantôt une hypoleucocytose.

Les modifications de la leucocytose peuvent être interprétées comme des réactions favorables destinées à assurer la défense de l'organisme par le mécanisme de la phagocytose et de la bactériolyse.

L'hyperleucocytose résulte d'une excitation intense des organes hématopoïétiques, d'un besoin énergique de défense en rapport avec la gravité de la maladie. L'hypoleucocytose tient, tantôt à la sidération des organes hématopoïétiques par une infection ou une intoxication brutale ; tantôt à la nature de certains germes qui, comme le bacille d'Eberth, l'hématozoaire de Laveran, n'ont pas la faculté d'éveiller la leucocytose.

Les processus morbides ne modifient pas seu-lement le nombre total des leucocytes ; ils changent les proportions relatives des diverses formes de globules blancs et troublent l'équilibre leuco-cytaire dans un sens déterminé.

Ainsi les infections suppuratives, les maladies inflammatoires qui donnent de l'hyperleucocytose produisent aussi une augmentation relative du nombre des leucocytes polynucléaires, une *poly-*

nucléose. Dans les suppurations, par exemple, le chiffre des polynucléaires atteint 75 à 85 p. 100 ; dans la pneumonie, il varie de 80 à 90 p. 100 et arrive même à 95 p. 100 dans les cas mortels.

Certaines maladies, comme la fièvre typhoïde, la malaria, la coqueluche, la variole, la varicelle, le cancer au début, provoquent au contraire une augmentation relative du nombre des leucocytes mononucléaires, une *mononucléose*. Celle-ci se complique, dans quelques cas, de l'apparition de formes leucocytaires anormales dans le sang.

Ainsi, dans la variole, le chiffre des mononucléaires s'élève à 60 p. 100 ; parmi ceux-ci, on compte des leucocytes mononucléaires granuleux. neutrophiles ou éosinophiles, des plasmazellen et des cellules de Türck.

Les parasites animaux (vers intestinaux, échino-coques, trichine), les affections cutanées, surtout les affections bulleuses, comme la maladie de Duhring, déterminent en général une augmentation relative des leucocytes éosinophiles, une *éosinophilie*.

On a cherché à simplifier ces règles générales en disant que les infections par les microbes sapro-phytes (pneumonie, érysipèle, etc.) se traduisent par une polynucléose, tandis que les infections par les microbes spécifiques (variole, fièvre ty-phoïde, etc.) se traduisent par une mononucléose ; mais cette classification présente de nombreuses exceptions et, à l'heure actuelle, il nous paraît impossible de résumer en une seule loi les modifications de la formule leucocytaire apportées par l'infection.

Dans ce court aperçu des modifications pathologiques de l'équilibre leucocytaire, je n'ai pas eu la prétention d'exposer en détail les formules leucocytaires de chaque maladie. Je veux seulement faire remarquer : 1° la spécificité de ces réactions sanguines qui sont en rapport avec la nature de la maladie, de sorte que leur étude peut être utilisée pour le diagnostic des maladies infectieuses, toxiques, parasitaires, etc., et en particulier pour caractériser les leucémies.

2° Le rapport qui existe entre la nature et le degré de la leucocytose d'une part, l'intensité de l'infection et la puissance réactionnelle de l'organisme d'autre part, si bien que l'interprétation de la formule leucocytaire peut servir au pronostic.

C'est qu'en effet la leucocytose n'a pas seulement la valeur d'une simple réaction ou altération sanguine ; sa signification est beaucoup plus générale : elle traduit la réaction de l'organisme tout entier et indique les efforts dont il est capable pour se débarrasser d'un corps étranger nuisible, infectant ou intoxiquant.

Elle résume l'état des organes hématopoïétiques, leur puissance ou leur insuffisance, leur mode ou leur degré d'irritation.

L'hyperleucocytose indique une excitation de l'hématopoïèse ; intense, elle caractérise une forte irritation en même temps qu'une forte réaction de l'organisme ; modérée, elle dévoile une irritation de moyenne intensité à laquelle l'organisme répond par une réaction modérée.

En dehors de quelques cas particuliers, comme la dothiénentérie et la malaria qui n'éveillent pas volontiers les sympathies leucocytaires, l'hypoleucocytose, coïncidant avec un état général grave, indique une absence de réaction hématopoïétique, soit parce que le poison morbide est si violent qu'il a annihilé dès l'abord les réactions de défense, soit parce que l'infection s'est produite sur un organisme débilité, incapable de réagir ; dans les deux cas, le résultat est le même : l'organisme se défend d'une façon insuffisante.

La formule leucocytaire permet de préciser la nature des organes hématopoïétiques qui prennent part à la réaction : la polynucléose indique une réaction des organes myéloïdes (moelle osseuse, rate), producteurs de cette variété de leucocytes ; la mononucléose révèle une irritation des organes lymphoïdes (ganglions, follicules clos, rate, etc.).

La leucocytose extériorise et fait pour ainsi dire apparaître l'état des viscères, dont la réaction locale est, ainsi que l'ont bien établi Achard et Lœper, de même sens, de même nature et de même degré que la réaction générale sanguine.

Constater une polynucléose, c'est en inférer qu'il existe quelque part dans l'organisme un foyer morbide au niveau duquel la défense est effectuée par les leucocytes polynucléaires. La pneumonie, les abcès nous offrent des exemples frappants de cette concordance entre la réaction locale et générale.

Observer une mononucléose, c'est en conclure que la réaction des organes se fait par le moyen des leucocytes mononucléaires. Ainsi dans la variole, où la mononucléose hématique correspond à une mononucléose des pustules.

Cette réaction est parfois si sensible qu'elle permet de dépister un foyer de suppuration latente que ne traduisait aucun autre mode de réaction clinique, ni la fièvre, ni la douleur, etc. Ainsi, chez un sujet atteint anciennement de dysenterie ou souffrant d'accidents hépatiques, la constatation d'une hyperleucocytose intense avec polynucléose pourrait, suivant Boinet, permettre de diagnostiquer un abcès du foie.

La formule hémoleucocytaire est, en résumé, la projection, la traduction de la réaction qui se passe dans les organes ; elle nous affirme, une fois de plus, la relation intime qui existe entre le trouble local et le trouble général, entre l'altération organique et l'altération humorale.

IV. — NAISSANCE ET MORT DU SANG.

1. — NAISSANCE DU SANG.

Les organes préposés à la fabrication des éléments du sang ont été bien étudiés depuis quelques années ; grâce au perfectionnement des techniques cytologiques, on a pu suivre les transformations des cellules sanguines et comprendre, au moins dans ses grandes lignes, la genèse du sang.

Globules rouges. — L'origine des globules rouges est encore entourée d'une certaine obscurité. Il est d'ailleurs probable que cette origine résulte de processus divers, et qu'elle ne se fait pas de la même façon aux différents âges.

Chez le fœtus et chez les jeunes animaux. — Vraisemblablement diffuse chez le fœtus, où la spécialisation des organes n'est pas encore établie, la genèse des globules rouges se ferait surtout à cette époque au moyen des éléments vaso-formateurs (fig. 5) ; ces grandes cellules à noyaux multiples, ramifiées et munies de pointes d'accroissement, que Ranvier a décrites au niveau des taches laiteuses, de l'épiploon du lapin, donnent naissance à la fois aux vaisseaux et à leur contenu. Leur

périphérie se différencie en une lame de protoplasma garnie de noyaux qui représente la
paroi d'un capillaire ; leur partie centrale forme,
en se divisant, une série de globules rouges sans
noyau. En même temps, la moelle osseuse, la
rate, le foie, et peut-être encore d'autres organes,

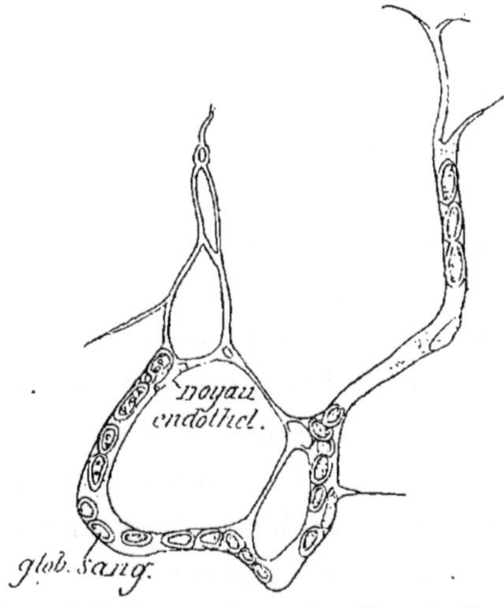

Fig. 5. — Cellule vaso-formative (d'après Ranvier).

produisent aussi des hématies par un processus
analogue à celui qu'on observe après la naissance.

La formation est, à cette époque de la vie,
particulièrement active dans le foie. Neumann,
Kölliker y ont vu des hématies nucléées et des
éléments cellulaires semblables à ceux de la
moelle osseuse. Van der Stricht, Renaut ont décrit
minutieusement le processus d'hématopoïèse hé-

patique ; il se fait au moyen de grandes cellules vaso-formatives, rondes, douées de mouvements amiboïdes, qui, amenées par les vaisseaux sanguins, se fixent dans les travées hépatiques et constituent des îlots vasculo-sanguins.

Ces îlots vasculo-sanguins ne diffèrent des cellules vaso-formatives de l'épiploon que parce que les globules rouges adultes n'y sont pas produits directement, mais sont précédés par la formation de globules rouges à noyau.

Dominici a retrouvé dans le foie des jeunes animaux, outre ces cellules vaso-formatives, tous les éléments cellulaires du tissu myéloïde.

Le foie joue encore dans l'hématopoïèse un rôle indirect. C'est lui qui accumule une grande partie du fer retenu dans l'organisme et destiné à servir à la formation de l'hémoglobine des hématies. Le foie du fœtus contient des réserves abondantes de fer provenant de la mère, destinées à être utilisées par le nourrisson, auquel l'alimentation lactée n'apporte pas assez de fer pour suffire à la production globulaire.

Le foie conserve ce rôle durant toute l'existence. Chez l'adulte, il accumule, sous forme d'hydrate ferrique (pigment ocre) et de combinaison organique, le fer provenant de la destruction hématique et le fer provenant de l'alimentation. Dans les cas pathologiques, s'il y a destruction d'une grande quantité d'hémoglobine dans l'organisme, le foie retient encore une bonne partie du fer ; ainsi se produisent les cirrhoses bronzées.

Le foie contient donc des réserves de fer qui pourront être utilisées pour la rénovation globulaire.

Chez le nouveau-né. — Chez le nouveau-né, la formation

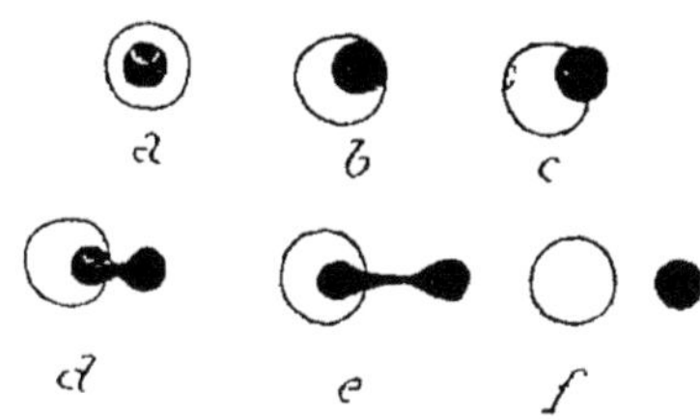

Fig. 6. — Formation des globules rouges (schéma).

a. b, c, Globules rouges nucléés ; *d. e*, expulsion du noyau ; *f*, globule rouge adulte et noyau libre.

des globules rouges, en rapport avec le développement du corps, est très active. Elle s'opère dans le tissu myéloïde, qui est représenté principalement par la moelle des os, mais qui, à cette époque de la vie, est très disséminé et se retrouve aussi dans le foie, la rate, les ganglions, l'épiploon (fig. 7).

Le premier stade formatif est constitué par le globule rouge nucléé,

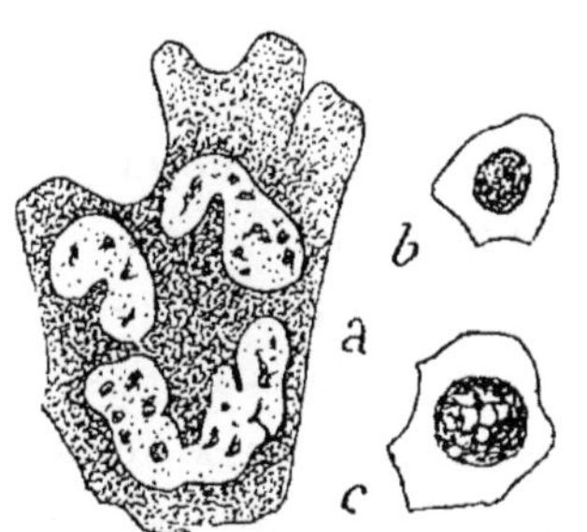

Fig. 7. — Éléments de la moelle osseuse (d'après Dominici).

a. Mégacaryocyte ; *b. c*, globules rouges nucléés.

qui, pour passer à l'état adulte, expulse son noyau. Ce dernier, devenu libre, s'entoure à nouveau de protoplasma qui se charge d'hémoglobine, et reproduit un nouveau globule nucléé ; celui-ci se débarrasse ensuite de son noyau par le même mécanisme (fig. 6). Ainsi, un même noyau peut donner naissance successivement à un très grand nombre d'hématies (Rindfleisch, Ehrlich).

Mais la production est tellement hâtive que certains éléments passent dans la circulation avant leur complet achèvement ; à l'état normal, pendant les premiers jours qui suivent la naissance, on trouve dans le sang des hématies nucléées ; en outre, celles-ci reparaissent avec une très grande facilité au cours des infections chez l'enfant.

Il est possible aussi que la naissance des hématies dans les cellules vaso-formatives persiste encore à cet âge, ainsi qu'il résulte des observations de Weil (1), dans deux cas de cyanose congénitale.

Chez l'adulte. — Chez l'adulte, les hématies naissent dans le tissu myéloïde par le même processus que chez l'enfant. Mais ici l'extension du tissu myéloïde est moins considérable ; à l'état normal, la moelle des os seule en est formée ; cependant Löwitt, Demoor, Delamare, Retterer auraient vu des hématies nucléées dans les ganglions lymphatiques ; il y en aurait aussi quelques-unes dans la rate (Dominici).

(1) E. WEIL. — *Soc. de biologie,* 29 juin 1901.

Dans certains états pathologiques, le besoin de rénovation sanguine fait réapparaître du tissu myéloïde dans les organes lymphoïdes, comme la rate et le ganglion lymphatique ; de sorte que les hématies peuvent naître aussi dans ces organes.

Dominici a vu des hématies nucléées dans la rate des animaux soumis à des saignées répétées ; F. Bezançon et M. Labbé (1), Dominici (2) en ont observé dans la rate des varioleux. Dominici a vu, chez des adultes atteints de tuberculose chronique avec purpura, des globules rouges nucléés apparaître même dans le foie.

Globules blancs. — La distinction que nous avons établie entre les leucocytes mononucléaires non granuleux et les leucocytes polynucléaires granuleux correspond à une différence d'origine : suivant Ehrlich, il faut distinguer deux groupes d'organes hématopoïétiques :

1° Les *organes lymphoïdes*, représentés par les ganglions lymphatiques, la rate, les amygdales, les productions lymphoïdes disséminées du tube digestif.

Les travaux de Flemming, de F. Bezançon et

(1) F. Bezançon et M. Labbé. — Réactions et lésions histologiques de la rate dans les infections aiguës (*XIIIe Congrès international de médecine*, Paris, 1900. *Section d'anatomie pathologique*, p. 306).

(2) Dominici. — Sur les réactions de la rate au cours des états anémiques et infectieux (*Ibid.*, p. 289).

M. Labbé (1) ont établi l'existence dans ces organes d'une spécialisation fonctionnelle aboutissant à la multiplication cellulaire. Le tissu lymphoïde s'y arrange sous forme de follicules clos dont le centre est occupé par de gros leucocytes mononucléaires en karyokinèse ; la multiplication des

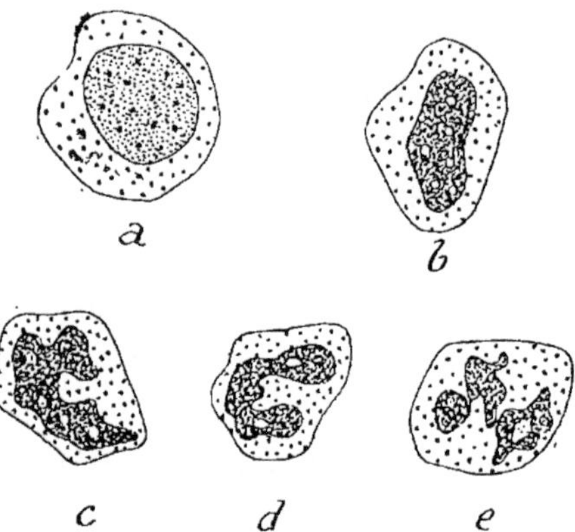

Fig. 8. — Développement du leucocyte polynucléaire (d'après Dominici).

a. b. Leucocytes mononucléaires à granulations neutrophiles ; *c.* forme de transition ; *d, e,* leucocytes polynucléaires à granulations neutrophiles.

cellules dans ces *centres germinatifs* donne naissance à de nombreux leucocytes jeunes ou lymphocytes qui grossissent, se transforment en leucocytes mononucléaires adultes, passent dans la lymphe, et avec elle se déversent dans le sang.

(1) F. BEZANÇON et M. LABBÉ. — Anatomie et physiologie des ganglions lymphatiques (*Soc. anatomique*, 27 mai 1898).

2° La *moelle osseuse*, où naissent les leucocytes polynucléaires granuleux (1). Ceux-ci se forment, suivant Dominici (2), aux dépens de lymphocytes qui se transforment en leucocytes mononucléaires à protoplasma basophile ; puis le protoplasma de ces leucocytes s'infiltre de granulations neutrophiles ou de granulations acidophiles, leur noyau se divise, et ainsi se constituent les leucocytes polynucléaires à granulations neutrophiles et à granulations éosinophiles (fig. 8). Dans les conditions physiologiques, ce n'est que quand la cellule est achevée, qu'elle quitte la moelle osseuse pour émigrer dans le sang (3).

Cette schématisation est trop absolue. Les recherches de Dominici (4) et celles de F. Bezançon et M. Labbé (5) ont montré que le tissu lymphoïde pouvait donner naissance à quelques éléments du tissu myéloïde, et que le tissu myéloïde lui-même contenait des éléments lymphoïdes.

(1) ROGER et JOSUÉ. — La moelle osseuse à l'état normal et dans les infections (*L'Œuvre médico-chirurgical*).

(2) DOMINICI. — Des éléments basophiles de la moelle osseuse (*Soc. de biologie*, 29 juillet 1899).

(3) Les recherches de LETULLE et NATTAN-LARRIER (*Soc. de biologie*, 31 mai 1902) ont montré que le thymus devait être aussi considéré comme un organe myéloïde.

(4) DOMINICI. — Sur le plan de structure du système hématopoïétique des mammifères (*Arch. de médecine expérimentale*, juillet 1901).

(5) F. BEZANÇON et M. LABBÉ. — *Loco citato*.

Il y a même, chez l'adulte, une intrication des deux espèces de tissus habituellement peu perceptible, mais que certaines conditions peuvent rendre apparente. Cette intrication est un reliquat, un souvenir de l'état embryonnaire. Suivons en effet les transformations de l'hématopoïèse aux différents âges. Chez les fœtus et chez les très jeunes animaux où la spécialisation n'est pas encore faite, la genèse des cellules du sang et de la lymphe se fait un peu dans tous les organes : les leucocytes polynucléaires granuleux et les hématies nucléées, éléments du tissu myéloïde, naissent à côté des leucocytes mononucléaires non granuleux, éléments du tissu lymphoïde.

Quand l'individu vieillit, ses organes se spécialisent progressivement pour remplir un rôle déterminé. Le foie cesse de former du sang. La genèse des cellules sanguines et lymphatiques se résume dans les organes hématopoïétiques (ganglions, rate, moelle osseuse). Ceux-ci même se spécialisent encore et se subdivisent, ainsi que l'a démontré Ehrlich, en deux groupes :

1° Les *ganglions et la rate*, où le tissu lymphoïde représenté par les follicules clos avec leurs centres germinatifs persiste, tandis que le tissu myéloïde régresse et disparaît presque complètement.

2° La *moelle osseuse*, d'où le tissu lymphoïde disparaît pour ne plus laisser que le tissu myé-

loïde constitué par : les leucocytes mononucléaires granuleux, stades élémentaires des leucocytes polynucléaires adultes ; les hématies
nucléées, stades élémentaires des hématies
adultes, et les cellules à noyau bourgeonnant.

Cependant il reste encore des traces de tissu
myéloïde dans les organes lymphoïdes ; du tissu
lymphoïde dans la moelle des os. Ces traces,
invisibles à l'état normal, peuvent redevenir
apparentes dans certaines conditions déterminées :
les saignées répétées produisent une reviviscence
du tissu myéloïde au sein des organes lymphoïdes,
en particulier dans la rate (Dominici) ; la variole
et quelques autres infections réveillent des fonctions myéloïdes endormies de la rate (Dominici,
Bezançon et Labbé), des ganglions lymphatiques
(Roger et Weil), et l'on voit apparaître dans ces
organes des myélocytes granuleux et des hématies
nucléées. Le foie lui-même peut reprendre les
fonctions hématopoïétiques, ainsi que Dominici
et Nattan-Larrier l'ont observé dans un cas de
tuberculose viscérale avec purpura infectieux.

Mais ce réveil d'une fonction endormie peut
dépasser le but.

Dans la leucémie, il ne s'agit plus seulement
de réapparition d'un tissu en régression et d'intrication des tissus lymphoïde et myéloïde, comme
aux premiers jours de l'existence. La prolifération

de l'un des deux tissus est tellement intense qu'elle a étouffé complètement l'autre et envahi tous les organes hématopoïétiques.

Dans la leucémie lymphogène, le tissu lymphoïde a subi une hypergenèse considérable en tous les points où il existe normalement ; il a reparu au niveau du foie et fait disparaître le tissu myéloïde de la moelle des os même. Dans la leucémie myélogène, c'est au contraire le tissu myéloïde qui a proliféré au sein des organes lymphoïdes et y a étouffé les éléments ordinaires de ce tissu. Il y a désorientation complète.

L'opinion qui attribue la genèse des polynucléaires au tissu myéloïde seul est aussi trop exclusive. La transformation des mononucléaires en polynucléaires paraît aussi se faire, ainsi que Ouskow l'avait admis en 1890, dans le sang de la circulation générale. Löwitt, Biondi, Metchnikoff, etc., sont de cet avis. Everard, Massart et Demoor (1) ont figuré tous les termes de passage observés dans le sang entre le mononucléaire et le polynucléaire. Ehrlich admet la transformation dans le sang du grand mononucléaire à noyau incurvé pourvu de granulations rares, qui constitue la forme de transition, en leucocyte polynucléaire à granulations neutrophiles ; mais, pour

(1) EVERARD, MASSART et DEMOOR. — *Annales de l'Institut Pasteur*, 1893, p. 165.

lui, ce leucocyte mononucléaire représente une forme spéciale dérivant de la moelle des os, de sorte qu'en définitive tout leucocyte polynucléaire a sa souche dans le tissu myéloïde. Dominici a admis aussi plus récemment que le polynucléaire à granulations neutrophiles pouvait se faire aux dépens des lymphocytes, par incurvation du noyau, augmentation du protoplasma et apparition de granulations, sans passer par le stade de myélocyte (1).

J'ai déjà suffisamment insisté sur le mode de formation du sérum sanguin au moyen des échanges osmotiques avec les tissus, et aux dépens des ferments des leucocytes qui se détruisent, pour n'y plus revenir ici.

Pour conclure cette étude sur la formation du sang et caractériser son processus génétique, on peut dire que le sang est une sorte de *sécrétion des organes hématopoïétiques*. Ce qui distingue cette sécrétion des sécrétions glandulaires que nous sommes habitués à considérer dans l'économie, c'est qu'ici l'appareil sécrétant est extrêmement diffus.

Il me paraît plus juste de considérer le sang comme une sécrétion, que de lui donner le nom de tissu. En effet, l'étude physiologique et patho-

(1) Dominici. — Les origines du polynucléaire du sang (*Soc. de biologie*, 19 octobre 1901).

logique montre que le sang, considéré à part des organes hématopoïétiques, n'a pas d'individualité. Le vrai tissu sanguin, ce sont les organes hématopoïétiques.

Pas plus que le suc gastrique, la bile ou la sérosité pleurale, le sang ne constitue un tissu. Pas plus que ces sécrétions, il n'est susceptible d'être atteint lui-même d'une affection. Ainsi la leucémie n'est pas, comme on l'a dit, le cancer du sang : elle serait plutôt une espèce de cancer des organes hématopoïétiques.

De même qu'il n'y a pas d'affections du suc gastrique, de la bile ou de la sérosité pleurale, mais des affections de l'estomac, de la vésicule biliaire ou de la plèvre, de même il n'y a pas de processus pathologique propre au sang ; il n'y a que des affections ou des maladies portant sur les organes hématopoïétiques et amenant la formation d'un sang anormal.

Donc le sang ne doit jamais être considéré indépendamment des organes hématopoïétiques, et toute altération de ce liquide doit faire aussitôt penser à une altération des tissus qui le sécrètent.

2. — MORT DU SANG.

Le sang se détruit un peu partout dans l'organisme.

Les GLOBULES ROUGES extravasés deviennent de

véritables corps étrangers qui ne rentrent plus dans la circulation, et sont détruits progressivement par les phagocytes : l'oxyhémoglobine subit une série de transformations qui aboutissent à l'hématine, au pigment ocre, etc.

Les hématies vieillies ou malades meurent rare-

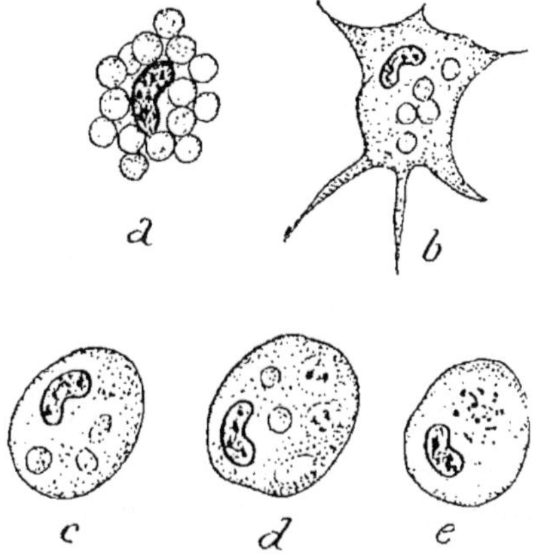

Fig. 9. — Phagocytose à l'intérieur des ganglions lymphatiques.

a. Phagocyte entouré de globules rouges ; *b*, phagocyte ayant absorbé les globules rouges ; *c*, *d*, destruction de globules rouges et blancs à l'intérieur d'un phagocyte ; *e*, phagocyte renfermant des débris cellulaires.

ment dans le sang de la circulation générale. Elles se détruisent généralement dans les organes, et en particulier dans les organes hématopoïétiques : cette destruction se fait surtout dans la rate, puis dans les ganglions, la moelle osseuse, le foie, etc. Les leucocytes phagocytaires, abondants dans les organes hématopoïétiques, absorbent les hématies,

digèrent leur stroma et transforment l'hémoglobine en pigment ocre : nous avons pu suivre facilement les divers stades de ces modifications dans
la rate et les ganglions (fig. 9).

On y voit des macrophages, entourés d'abord de
globules rouges, les englober dans leur protoplasma
et les digérer : l'hématie perd peu à peu son
hémoglobine, son stroma devient incolore, puis se
détruit, et bientôt il ne reste plus qu'un macro-
phage bourré de granulations protoplasmiques
informes et de pigment ocre. Nous avons interprété
ces aspects dans le sens de la destruction hématique, parce que nous les voyions toujours
coïncider avec d'autres processus de destruction
cellulaire et bactérienne ; ce sont les mêmes
aspects que certains auteurs ont considérés au contraire comme représentant une néoproduction de
globules rouges, et sur lesquels ils se sont basés
pour admettre la genèse des hématies dans le ganglion lymphatique et dans la rate à l'état normal.

Le fer, mis en liberté à l'état de pigment ocre, et
sans doute aussi de combinaisons organiques, est
repris par les globules jeunes qui l'assimilent et
l'utilisent pour la fabrication de l'hémoglobine ; de
sorte que la genèse des nouveaux globules se fait
à côté et aux dépens des globules anciens.

La destruction du sang ne se fait pas de la même
façon dans le foie. Tandis que la rate et les

organes lymphoïdes président à la destruction des hématies et à la mise en liberté de l'hémoglobine, dont une partie seulement se transforme en pigment ocre, le foie n'a qu'une faible action sur les globules entiers et a surtout pour rôle de transformer l'hémoglobine en pigment biliaire. Les expériences de Pugliese et Puzzati mettent bien en relief le rôle différent et l'accouplement nécessaire du foie et de la rate pour la destruction et la transformation du sang : chez les chiens splénectomisés, la pyrodine, poison fortement déglobulisant, ne provoque ni hémoglobinurie, ni urobilinurie, comme elle le faisait chez les chiens normaux; en outre, les chiens splénectomisés produisent alors une bile beaucoup moins riche en pigments biliaires que les chiens porteurs de leur rate, mais l'élimination des pigments biliaires dure plus longtemps. C'est que la rate, à l'état normal, détruit le sang et met en liberté l'hémoglobine, que la veine porte amène au foie pour y servir à la fabrication de la bile. Lorsque la rate est enlevée, le sang se détruit dans les autres organes hématopoïétiques, qui transmettent plus indirectement et plus lentement que la rate leur hémoglobine au foie.

La destruction des hématies, continue et modérée à l'état physiologique, s'accentue dans les états pathologiques ; elle devient considérable dans les empoisonnements par des substances toxiques pour le sang, comme l'hydrogène arsénié; alors de grandes quantités de pigment ocre s'accumulent dans les organes hématopoiétïques et surtout dans la rate, qui représente une véritable tumeur « spodogène » (σποδος, scorie). Si le processus de destruction sanguine est intense, généralisé et persistant, tous les organes, à des degrés divers, s'infiltrent de pigment ocre, et il en résulte un état particulier que Recklinghausen a désigné sous le nom d'hémochromatose et dont le diabète bronzé n'est qu'une variété.

L'hémoglobine n'est pas seulement transformée en pigment ocre dans les organes hématopoïétiques, en pigment biliaire dans le foie; au contact des autres cellules de l'organisme, elle donne naissance à d'autres variétés de pigment; de sorte que tous les pigments de l'organisme dérivent en réalité du sang.

Les GLOBULES BLANCS meurent de diverses façons :

1° Dans les foyers inflammatoires, ils sont transformés en globules du pus, en cellules épithélioïdes, en cellules géantes, etc.; ils subissent les dégénérescences vitreuse, granulo-graisseuse, amyloïde, caséeuse, etc.

2° A l'état physiologique, les leucocytes vieillis sont détruits peu à peu.

Dans le sang de la circulation générale, on

trouve toujours des formes dégénérées, à protoplasma déchiqueté ou éclaté, à granulations épar-
pillées, des cellules privées de noyaux, ou des
noyaux dépourvus de protoplasma. Ces formes,
peu nombreuses à l'état de santé (1 à 2 p. 100 du
nombre total des leucocytes), le deviennent beaucoup plus à l'état de maladie. Gumprecht a étudié
ce mode de dégénérescence dans la leucémie : la
membrane nucléaire meurt, le contenu du noyau
se mêle au protoplasma, et le leucocyte forme
une masse homogène qui se gonfle, se vacuolise
et se dissout (1).

Les leucocytes dégénérés sont englobés par les
cellules douées de propriétés phagocytaires qui en
débarrassent la circulation. On voit par exemple,
après l'inoculation de bactéridie charbonneuse
dans le sang, les leucocytes polynucléaires qui ont
absorbé les bactéridies être eux-mêmes englobés
par les cellules endothéliales des capillaires du
foie (2).

Mais c'est surtout aux organes hématopoïétiques
qu'est dévolue cette fonction; on voit dans les
ganglions lymphatiques, dans la rate, de gros
phagocytes qui ont absorbé des leucocytes et des
hématies altérés, des microbes, etc., et qui les
digèrent et les transforment en de petits corps

(1) Gumprecht. — *Deut. Arch. f. klin. Med.*, 1896.
(2) Wenigo. — *Annales de l'Institut Pasteur*, janvier 1894.

réfringents, fortement teintés par les couleurs basiques (*tingible Körper* de Flemming). Ces résidus de la digestion protoplasmique servent peut-être à la régénération des nouveaux leucocytes.

En se détruisant, les leucocytes mettent en liberté dans le plasma les ferments qu'ils contenaient. Ces substances existent toujours en faible proportion dans le plasma normal à cause de la destruction continuelle des leucocytes, mais on conçoit que leur quantité augmente considérablement dans les cas pathologiques.

La mort du PLASMA SANGUIN est marquée par la précipitation de la fibrine qui résulte de l'action sur la matière fibrinogène de la plasmase. Cette précipitation ne paraît se faire qu'à l'état pathologique, lorsqu'une irritation locale détermine la mise en œuvre des divers procédés de défense organique. La fibrine elle-même est à son tour digérée et détruite par les leucocytes, qui sécrètent un ferment fibrinolytique capable de dissoudre la fibrine et d'en faciliter l'absorption.

Quant aux sels du plasma, ils ne se détruisent pas comme les éléments vivants ; ils ne s'usent pas, mais ils se combinent entre eux, subissent des échanges avec ceux des tissus, et sont éliminés par les urines et les diverses sécrétions.

V. — ACTIVITÉ DE LA DESTRUCTION ET DE LA RÉNOVATION SANGUINES.

Dans ce rapide exposé des faits, j'ai cherché à montrer comment le sang naissait et comment il mourait. Il est intéressant de remarquer que les phénomènes qui président à la naissance et à la mort du sang se passent au sein des mêmes tissus, que les organes *hématopoïétiques* (de αἱμα, sang et ποίησις, fabrication) sont en même temps des organes *hématolytiques* (de αἱμα, sang et λυσις, destruction).

Les produits de destruction mis en liberté par la mort des globules du sang sont assimilés et remaniés par les tissus, servent à la nutrition des globules jeunes et à la reformation du sang.

Ainsi les énergies vitales passent des uns aux autres, sans se perdre. En d'autres termes, nous assistons, en ce point de l'organisme, au phénomène qui se produit dans toute la nature et qui de la mort fait sortir la vie.

Malheureusement, les études anatomiques ne nous donnent pas de renseignements précis sur l'intensité et la rapidité des processus de destruction et de rénovation sanguines. En examinant les organes hématopoïétiques, nous saisissons bien les différentes étapes par lesquelles passe un globule rouge ou un globule blanc pour arriver à l'état adulte, mais nous n'avons pas d'idée sur la rapidité avec laquelle sont parcourues ces étapes; nous pouvons constater l'abondance plus ou moins grande des karyokinèses ou des divisions directes qui nous indiquent les néoproductions cellulaires, mais nous ne savons pas en combien de temps elles s'effectuent. Enfin nous ne possédons aucune notion sur la durée de l'existence d'un globule rouge ou d'un globule blanc, sur la rapidité et l'abondance de leur destruction.

C'est que précisément la rapidité des phénomènes de destruction et de réparation sanguines en rendent l'observation très délicate. Ehrlich (1) a montré que les altérations hématiques provoquées par les toxiques du sang, comme la toluylènediamine, sont souvent très difficiles à apercevoir : le sang se débarrasse avec une extrême rapidité des produits de la globulolyse, et quand, averti par l'hémoglobinurie, on vient à examiner le sang, souvent il est déjà trop tard : l'hémoglobinémie a disparu, le sang s'est en partie réparé, et l'intoxication ne se traduit plus que par une légère anémie.

(1) LAZARUS. — Art. HÆMOGLOBINHÆMIE, in *Specielle Pathologie und Therapie* de Nothnagel.

Un certain nombre d'observations et d'expériences mettent bien en relief l'activité fonctionnelle considérable des organes hématopoïétiques.

1° Les leucocytoses expérimentales provoquées par l'injection de nucléines se produisent avec une grande rapidité, sont souvent considérables et indiquent une hypergenèse très intense des leucocytes.

Il en est de même pour les leucocytoses observées dans les maladies. Au début de la pneumonie, par exemple, nous voyons, en même temps que la fièvre s'allume, dès le stade de frisson, le nombre des leucocytes s'élever pour atteindre en quelques heures un chiffre qui est souvent trois ou quatre fois plus élevé que le chiffre normal. De 6 000, il s'élève à 18 000 ou 24 000 : sous l'influence du processus morbide, il s'est fait une multiplication énorme et subite des leucocytes.

Par contre, au moment de la défervescence, en même temps que la chute brusque de la température, il se fait une diminution considérable du nombre des leucocytes, qui reviennent à la normale en moins de vingt-quatre heures.

Un très grand nombre de leucocytes ont donc été détruits dans ce laps de temps très court. La formule leucocytaire d'ailleurs a changé ; ce ne sont plus les mêmes variétés leucocytaires qu'on observe à ce moment : tandis qu'à la période d'état il y avait une polynucléose excessive (80 à 90 p. 100), à la convalescence, l'équilibre leucocytaire est redevenu normal; il y a même parfois une mononucléose relative, et surtout une apparition de leucocytes éosinophiles, qui, dans certaines maladies, comme la scarlatine, se montrent en très grand nombre. En même temps que la destruction des polynucléaires, il y a donc hypergenèse de certaines formes leucocytaires. Rien ne prouve mieux l'activité de la formation et de la destruction concomitantes du sang dans les organes hématopoïétiques.

2° Les observations qui ont été faites le 21 novembre 1901, au cours d'ascensions aérostatiques, nous montrent de même la rapidité avec laquelle se produit l'hypergenèse des globules rouges et de l'hémoglobine. En deux heures et demie, sous l'influence d'une ascension à 4450 mètres, Jolly a vu le chiffre des hématies s'élever de 4760000 à 5330000 ; Jolly (1), Reymond ont vu l'oxyhémoglobine augmenter dans des proportions analogues (2).

Des modifications aussi intenses ne peuvent être attribuées ni au travail effectué, ni à l'évapo-

(1) J. JOLLY. — Examens histologiques du sang au cours d'une ascension en ballon (*Soc. de biologie*, 30 novembre 1901).

(2) HÉNOCQUE. — Étude de l'activité de la réduction de l'oxyhémoglobine dans les ascensions en ballon (*Soc. de biologie*, 23 novembre 1901).

ration ; elles indiquent une genèse extrêmement rapide du sang, en rapport avec les besoins nouveaux de l'organisme plongé dans une atmosphère où l'oxygène est raréfié. En effet, les divers moyens d'observation (étude des échanges respiratoires, étude de l'activité de la réduction de l'hémoglobine dans les tissus suivant la méthode de notre Maître, M. Hénocque) prouvent que tous les échanges organiques sont excités, augmentés sous l'influence de l'altitude, et que l'intensité de l'hématopoïèse n'est qu'un des termes de l'activité des échanges nutritifs.

D'ailleurs, la destruction des globules et de l'hémoglobine se fait avec la même rapidité que leur production, puisque, lorsque les aéronautes sont redescendus, leur sang a repris exactement la même composition qu'avant l'ascension.

3° Les expériences de Achard et Lœper, que nous avons exposées plus haut, montrent aussi la rapidité avec laquelle le sérum se débarrasse des substances étrangères qu'on y a introduites, pour revenir à l'équilibre de sa composition physiologique.

4° Mais rien n'est plus frappant que la facilité avec laquelle le sang répare ses pertes après la saignée ou après une hémorragie abondante ; la soustraction de sang par la saignée, loin de produire de l'anémie, paraît au contraire exciter fortement le processus sanguiformateur. Il faut admettre une néoformation extrêmement rapide pour comprendre comment l'organisme des hémorroïdaires a pu supporter une perte d'une demi-livre de sang par jour pendant plusieurs mois (Ferdinand), une perte quotidienne de deux livres de sang pendant quarante-cinq jours (Montanus). Même si l'on n'accepte pas sans réserves les chiffres extrêmes cités par les classiques (perte de sang hémorroïdaire de 20 litres en un jour, suivant Hoffmann?), on reste cependant étonné par l'abondance des hémorragies auxquelles un homme sain peut résister, ce qui implique une rénovation sanguine extrêmement intense, presque égale à la destruction.

L'expérimentation prouve aussi l'activité de l'hématopoïèse.

L'expérience classique de Tolmatschef (1) montre que, sans diminuer la richesse du sang, on peut, dans l'espace d'environ soixante jours, soustraire à un chien, par des saignées successives, une quantité de sang à peu près égale à la masse totale du sang que l'animal possédait au début de l'expérience.

La réparation commence pendant la saignée même. C'est la partie liquide du sang qui se

(1) TOLMATSCHEF. — *Hoppe Seyler's med. chem. Untersuch.* Tubingen, 1866-70.

reproduit le plus vite ; il en résulte une diminution de la richesse globulaire et hémoglobinique du sang, qui se manifeste déjà au cours de la saignée ; au bout d'une demi-heure, le sang a repris complètement le volume total qu'il avait auparavant (1). La régénération des globules se fait ensuite très rapidement et est terminée avant celle de l'hémoglobine (2).

De ce que, à l'état physiologique, le sang possède un équilibre de composition, il ne faudrait pas conclure que sa composition est immuable et qu'il est toujours formé des mêmes éléments en circulation dans les vaisseaux ; ce qui paraît être la continuité d'un état n'est que le résultat d'une série de désintégrations et de réparations incessantes, si rapides qu'elles passent inaperçues et si bien réglées par le mécanisme physiologique que l'équilibre reste le même.

Le sang n'est pas seulement en mouvement dans les vaisseaux ; il présente des échanges continuels avec les tissus, il est en état de réaction perpétuelle contre les causes qui tendent à l'offenser ou à le détruire. S'il reste composé des mêmes cellules dans les mêmes proportions, c'est qu'il reçoit des organes hématopoïétiques assez de cellules pour remplacer celles qu'il a perdues

(1) Otto. — *Pfluger's Archiv,* Bd XXXVI, S. 58, 1885.
(2) Vierordt. — *Arch. f. physiol. Heilkunde,* 1854, Bd XIII, S. 259.

dans sa lutte contre les agents morbides, et s'il
paraît aseptique, c'est qu'il se débarrasse rapidement des microbes qui l'envahissent, car nous
savons que le passage des microbes dans le sang
se produit même à l'état physiologique, au moment
de la digestion tout au moins.

De ces actions et réactions continuelles qui
constituent la vie du sang, résulte son état d'équilibre physiologique.

Qu'une défaillance passagère se produise dans
le sang ou les organes hématopoïétiques, les agents
offensants vont pouvoir prendre le dessus, et il
en résultera une rupture de l'équilibre physiologique, ce qu'on nomme improprement une « maladie » du sang.

Enfin, quand le sang a perdu la propriété de se
renouveler et de se défendre contre les germes
envahisseurs, il est véritablement mort.

Par ce court aperçu de la naissance, de la vie,
des maladies et de la mort du sang, on peut juger
combien son activité est incessante et considérable. On voit la place importante du sang dans le
mouvement entier de l'organisme, dont il résume
et synthétise les actes essentiels ; il est comme le
raccourci, le schéma naturel de la vie.

Entré dans cette voie, on est certain de ne pas
perdre sa peine et d'arriver à des résultats prati-
quement et scientifiquement utiles, en étudiant

par des méthodes appropriées les qualités biologiques du sang, les énergies qu'il recèle,
puisque, aussi bien, c'est de la somme des énergies accumulées dans l'organisme et véhiculées
par le sang que dépendent la valeur physiologique de l'individu vivant et la force de résistance qu'il peut opposer aux causes de maladie
et de mort.

TABLE DES MATIÈRES

4636-02. — Corbeil. Imprimerie Éd. Crété.

www.ingramcontent.com/pod-product-compliance
Ingram Content Group UK Ltd.
Pitfield, Milton Keynes, MK11 3LW, UK
UKHW020943140726
13695UKWH00003B/1182